# 한솔 완벽한 연산

수학은 마라톤입니다.
지금 여러분은 출발 지점에 서 있습니다.
초등학교 저학년 때는
수학 마라톤을 잘 하기 위해
기초 체력을 튼튼히 길러야 합니다.

**한솔 완벽한 연산**으로 시작하세요.
마라톤을 잘 뛸 수 있는 완벽한 연산 실력을 키워줍니다.

## ❓ 왜 완벽한 연산인가요?

✏️ 기초 연산은 물론, 학교 연산까지 이 책 시리즈 하나면 완벽하게 끝나기 때문입니다. '한솔 완벽한 연산'은 하루 8쪽씩, 5일 동안 4주분을 학습하고, 마지막 주에는 학교 시험에 완벽하게 대비할 수 있도록 '연산 UP' 16쪽을 추가로 제공합니다. 매일 꾸준한 연습으로 연산 실력을 키우기에 충분한 학습량입니다. '한솔 완벽한 연산' 하나면 기초 연산도 학교 연산도 완벽하게 대비할 수 있습니다.

## ❓ 몇 단계로 구성되고, 몇 학년이 풀 수 있나요?

✏️ 모두 6단계로 구성되어 있습니다. '한솔 완벽한 연산'은 한 단계가 1개 학년이 아닙니다. 연산의 기초 훈련이 가장 필요한 시기인 초등 2~3학년에 집중하여 여러 단계로 구성하였습니다. 이 시기에는 수학의 기초 체력을 튼튼히 길러야 하니까요.

| 단계 | 권장 학년 | 학습 내용 |
|------|-----------|-----------|
| MA | 6~7세 | 100까지의 수, 더하기와 빼기 |
| MB | 초등 1~2학년 | 한 자리 수의 덧셈, 두 자리 수의 덧셈 |
| MC | 초등 1~2학년 | 두 자리 수의 덧셈과 뺄셈 |
| MD | 초등 2~3학년 | 두 · 세 자리 수의 덧셈과 뺄셈 |
| ME | 초등 2~3학년 | 곱셈구구, (두 · 세 자리 수)×(한 자리 수), (두 · 세 자리 수)÷(한 자리 수) |
| MF | 초등 3~4학년 | (두 · 세 자리 수)×(두 자리 수), (두 · 세 자리 수)÷(두 자리 수), 분수 · 소수의 덧셈과 뺄셈 |

## ?. 책 한 권은 어떻게 구성되어 있나요?

✏ 책 한 권은 모두 4주 학습으로 구성되어 있습니다.
한 주는 모두 40쪽으로 하루에 8쪽씩, 5일 동안 푸는 것을 권장합니다.
마지막 5주차에는 학교 시험에 대비할 수 있는 '연산 UP'을 학습합니다.


## ?. '한솔 완벽한 연산'도 매일매일 풀어야 하나요?

✏ 물론입니다. 매일매일 규칙적으로 연습을 해야 연산 능력이 향상되기 때문입니다.
월요일부터 금요일까지 매일 8쪽씩, 4주 동안 규칙적으로 풀고, 마지막 주에
'연산 UP' 16쪽을 다 풀면 한 권 학습이 끝납니다.
매일매일 푸는 습관이 잡히면 개인 진도에 따라 두 달에 3권을 푸는 것도 가능
합니다.


## ?. 하루 8쪽씩이라구요? 너무 많은 양 아닌가요?

✏ '한솔 완벽한 연산'은 술술 풀면서 잘 넘어가는 학습지입니다.
공부하는 학생 입장에서는 빡빡한 문제를 4쪽 푸는 것보다 술술 넘어가는 문제를
8쪽 푸는 것이 훨씬 큰 성취감을 느낄 수 있습니다.
'한솔 완벽한 연산'은 학생의 연령을 고려해 쪽당 학습량을 전략적으로 구성했습니
다. 그래서 학생이 부담을 덜 느끼면서 효과적으로 학습할 수 있습니다.

**학교 진도와 맞추려면 어떻게 공부해야 하나요?**

✎ 이 책은 한 권을 한 달 동안 푸는 것을 권장합니다.
각 단계별 학교 진도는 다음과 같습니다.

| 단계 | MA | MB | MC | MD | ME | MF |
|------|------|------|------|------|------|------|
| 권 수 | 8권 | 5권 | 7권 | 7권 | 7권 | 7권 |
| 학교 진도 | 초등 이전 | 초등 1학년 | 초등 2학년 | 초등 3학년 | 초등 3학년 | 초등 4학년 |

초등학교 1학년이 3월에 MB 단계부터 매달 1권씩 꾸준히 푼다고 한다면 2학년이 시작될 때 MD 단계를 풀게 되고, 3학년 때 MF 단계(4학년 과정)까지 마무리할 수 있습니다.

이 책 시리즈로 꼼꼼히 학습하게 되면 일반 방문학습지 못지 않게 충분한 연산 실력을 쌓게 되고 조금씩 다음 학년 진도까지 학습할 수 있다는 장점이 있습니다.

매일 꾸준히 성실하게 학습한다면 학년 구분 없이 원하는 진도를 스스로 계획하고 진행해 나갈 수 있습니다.

 **'연산 UP'은 어떻게 공부해야 하나요?**

✎ '연산 UP'은 4주 동안 훈련한 연산 능력을 확인하는 과정이자 학교에서 흔히 접하는 계산 유형 문제까지 접할 수 있는 코너입니다.
'연산 UP'의 구성은 다음과 같습니다.

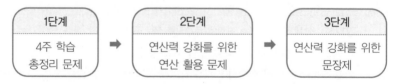

| 1단계 | 2단계 | 3단계 |
|-------|-------|-------|
| 4주 학습 총정리 문제 | 연산력 강화를 위한 연산 활용 문제 | 연산력 강화를 위한 문장제 |

'연산 UP'은 모두 16쪽으로 구성되었으므로 하루 8쪽씩 2일 동안 학습하고, 다음 단계로 진행할 것을 권장합니다.

## MA 6~7세

| 권 | 제목 | 주차별 학습 내용 | |
|---|---|---|---|
| 1 | 20까지의 수 1 | 1주 | 5까지의 수 (1) |
| | | 2주 | 5까지의 수 (2) |
| | | 3주 | 5까지의 수 (3) |
| | | 4주 | 10까지의 수 |
| 2 | 20까지의 수 2 | 1주 | 10까지의 수 (1) |
| | | 2주 | 10까지의 수 (2) |
| | | 3주 | 20까지의 수 (1) |
| | | 4주 | 20까지의 수 (2) |
| 3 | 20까지의 수 3 | 1주 | 20까지의 수 (1) |
| | | 2주 | 20까지의 수 (2) |
| | | 3주 | 20까지의 수 (3) |
| | | 4주 | 20까지의 수 (4) |
| 4 | 50까지의 수 | 1주 | 50까지의 수 (1) |
| | | 2주 | 50까지의 수 (2) |
| | | 3주 | 50까지의 수 (3) |
| | | 4주 | 50까지의 수 (4) |
| 5 | 1000까지의 수 | 1주 | 100까지의 수 (1) |
| | | 2주 | 100까지의 수 (2) |
| | | 3주 | 100까지의 수 (3) |
| | | 4주 | 1000까지의 수 |
| 6 | 수 가르기와 모으기 | 1주 | 수 가르기 (1) |
| | | 2주 | 수 가르기 (2) |
| | | 3주 | 수 모으기 (1) |
| | | 4주 | 수 모으기 (2) |
| 7 | 덧셈의 기초 | 1주 | 상황 속 덧셈 |
| | | 2주 | 더하기 1 |
| | | 3주 | 더하기 2 |
| | | 4주 | 더하기 3 |
| 8 | 뺄셈의 기초 | 1주 | 상황 속 뺄셈 |
| | | 2주 | 빼기 1 |
| | | 3주 | 빼기 2 |
| | | 4주 | 빼기 3 |

## MB 초등 1·2학년 ①

| 권 | 제목 | 주차별 학습 내용 | |
|---|---|---|---|
| 1 | 덧셈 1 | 1주 | 받아올림이 없는 (한 자리 수)+(한 자리 수) (1) |
| | | 2주 | 받아올림이 없는 (한 자리 수)+(한 자리 수) (2) |
| | | 3주 | 받아올림이 없는 (한 자리 수)+(한 자리 수) (3) |
| | | 4주 | 받아올림이 없는 (두 자리 수)+(한 자리 수) |
| 2 | 덧셈 2 | 1주 | 받아올림이 없는 (두 자리 수)+(한 자리 수) |
| | | 2주 | 받아올림이 있는 (한 자리 수)+(한 자리 수) (1) |
| | | 3주 | 받아올림이 있는 (한 자리 수)+(한 자리 수) (1) |
| | | 4주 | 받아올림이 있는 (한 자리 수)+(한 자리 수) (3) |
| 3 | 뺄셈 1 | 1주 | (한 자리 수)−(한 자리 수) (1) |
| | | 2주 | (한 자리 수)−(한 자리 수) (2) |
| | | 3주 | (한 자리 수)−(한 자리 수) (3) |
| | | 4주 | 받아내림이 없는 (두 자리 수)−(한 자리 수) |
| 4 | 뺄셈 2 | 1주 | 받아내림이 없는 (두 자리 수)−(한 자리 수) |
| | | 2주 | 받아내림이 있는 (두 자리 수)−(한 자리 수) (1) |
| | | 3주 | 받아내림이 있는 (두 자리 수)−(한 자리 수) (2) |
| | | 4주 | 받아내림이 있는 (두 자리 수)−(한 자리 수) (3) |
| 5 | 덧셈과 뺄셈의 완성 | 1주 | (한 자리 수)+(한 자리 수), (한 자리 수)−(한 자리 수) |
| | | 2주 | 세 수의 덧셈, 세 수의 뺄셈 (1) |
| | | 3주 | (두 자리 수)+(한 자리 수), (두 자리 수)−(한 자리 수) |
| | | 4주 | 세 수의 덧셈, 세 수의 뺄셈 (2) |

## MC 초등 1·2학년 ②

| 권 | 제목 | | 주차별 학습 내용 |
|---|---|---|---|
| 1 | 두 자리 수의 덧셈 1 | 1주 | 받아올림이 없는 (두 자리 수)+(한 자리 수) |
| | | 2주 | 몇십 만들기 |
| | | 3주 | 받아올림이 있는 (두 자리 수)+(한 자리 수) (1) |
| | | 4주 | 받아올림이 있는 (두 자리 수)+(한 자리 수) (2) |
| 2 | 두 자리 수의 덧셈 2 | 1주 | 받아올림이 없는 (두 자리 수)+(두 자리 수) (1) |
| | | 2주 | 받아올림이 없는 (두 자리 수)+(두 자리 수) (2) |
| | | 3주 | 받아올림이 없는 (두 자리 수)+(두 자리 수) (3) |
| | | 4주 | 받아올림이 없는 (두 자리 수)+(두 자리 수) (4) |
| 3 | 두 자리 수의 덧셈 3 | 1주 | 받아올림이 있는 (두 자리 수)+(두 자리 수) (1) |
| | | 2주 | 받아올림이 있는 (두 자리 수)+(두 자리 수) (2) |
| | | 3주 | 받아올림이 있는 (두 자리 수)+(두 자리 수) (3) |
| | | 4주 | 받아올림이 있는 (두 자리 수)+(두 자리 수) (4) |
| 4 | 두 자리 수의 뺄셈 1 | 1주 | 받아내림이 없는 (두 자리 수)-(한 자리 수) |
| | | 2주 | 몇십에서 빼기 |
| | | 3주 | 받아내림이 있는 (두 자리 수)-(한 자리 수) (1) |
| | | 4주 | 받아내림이 있는 (두 자리 수)-(한 자리 수) (2) |
| 5 | 두 자리 수의 뺄셈 2 | 1주 | 받아내림이 없는 (두 자리 수)-(두 자리 수) (1) |
| | | 2주 | 받아내림이 없는 (두 자리 수)-(두 자리 수) (2) |
| | | 3주 | 받아내림이 없는 (두 자리 수)-(두 자리 수) (3) |
| | | 4주 | 받아내림이 없는 (두 자리 수)-(두 자리 수) (4) |
| 6 | 두 자리 수의 뺄셈 3 | 1주 | 받아내림이 있는 (두 자리 수)-(두 자리 수) (1) |
| | | 2주 | 받아내림이 있는 (두 자리 수)-(두 자리 수) (2) |
| | | 3주 | 받아내림이 있는 (두 자리 수)-(두 자리 수) (3) |
| | | 4주 | 받아내림이 있는 (두 자리 수)-(두 자리 수) (4) |
| 7 | 덧셈과 뺄셈의 완성 | 1주 | 세 수의 덧셈 |
| | | 2주 | 세 수의 뺄셈 |
| | | 3주 | (두 자리 수)+(한 자리 수), (두 자리 수)-(한 자리 수) 종합 |
| | | 4주 | (두 자리 수)+(두 자리 수), (두 자리 수)-(두 자리 수) 종합 |

## MD 초등 2·3학년 ①

| 권 | 제목 | | 주차별 학습 내용 |
|---|---|---|---|
| 1 | 두 자리 수의 덧셈 | 1주 | 받아올림이 있는 (두 자리 수)+(두 자리 수) (1) |
| | | 2주 | 받아올림이 있는 (두 자리 수)+(두 자리 수) (2) |
| | | 3주 | 받아올림이 있는 (두 자리 수)+(두 자리 수) (3) |
| | | 4주 | 받아올림이 있는 (두 자리 수)+(두 자리 수) (4) |
| 2 | 세 자리 수의 덧셈 1 | 1주 | 받아올림이 없는 (세 자리 수)+(두 자리 수) |
| | | 2주 | 받아올림이 있는 (세 자리 수)+(두 자리 수) (1) |
| | | 3주 | 받아올림이 있는 (세 자리 수)+(두 자리 수) (2) |
| | | 4주 | 받아올림이 있는 (세 자리 수)+(두 자리 수) (3) |
| 3 | 세 자리 수의 덧셈 2 | 1주 | 받아올림이 있는 (세 자리 수)+(세 자리 수) (1) |
| | | 2주 | 받아올림이 있는 (세 자리 수)+(세 자리 수) (2) |
| | | 3주 | 받아올림이 있는 (세 자리 수)+(세 자리 수) (3) |
| | | 4주 | 받아올림이 있는 (세 자리 수)+(세 자리 수) (4) |
| 4 | 두·세 자리 수의 뺄셈 | 1주 | 받아내림이 있는 (두 자리 수)-(두 자리 수) (1) |
| | | 2주 | 받아내림이 있는 (두 자리 수)-(두 자리 수) (2) |
| | | 3주 | 받아내림이 있는 (두 자리 수)-(두 자리 수) (3) |
| | | 4주 | 받아내림이 없는 (세 자리 수)-(두 자리 수) |
| 5 | 세 자리 수의 뺄셈 1 | 1주 | 받아내림이 있는 (세 자리 수)-(두 자리 수) (1) |
| | | 2주 | 받아내림이 있는 (세 자리 수)-(두 자리 수) (2) |
| | | 3주 | 받아내림이 있는 (세 자리 수)-(두 자리 수) (3) |
| | | 4주 | 받아내림이 있는 (세 자리 수)-(두 자리 수) (4) |
| 6 | 세 자리 수의 뺄셈 2 | 1주 | 받아내림이 있는 (세 자리 수)-(세 자리 수) (1) |
| | | 2주 | 받아내림이 있는 (세 자리 수)-(세 자리 수) (2) |
| | | 3주 | 받아내림이 있는 (세 자리 수)-(세 자리 수) (3) |
| | | 4주 | 받아내림이 있는 (세 자리 수)-(세 자리 수) (4) |
| 7 | 덧셈과 뺄셈의 완성 | 1주 | 덧셈의 완성 (1) |
| | | 2주 | 덧셈의 완성 (2) |
| | | 3주 | 뺄셈의 완성 (1) |
| | | 4주 | 뺄셈의 완성 (2) |

## ME 초등 2 · 3학년 ②

| 권 | 제목 | | 주차별 학습 내용 |
|---|---|---|---|
| 1 | 곱셈구구 | 1주 | 곱셈구구 (1) |
| | | 2주 | 곱셈구구 (2) |
| | | 3주 | 곱셈구구 (3) |
| | | 4주 | 곱셈구구 (4) |
| 2 | (두 자리 수)×(한 자리 수) 1 | 1주 | 곱셈구구 종합 |
| | | 2주 | (두 자리 수)×(한 자리 수) (1) |
| | | 3주 | (두 자리 수)×(한 자리 수) (2) |
| | | 4주 | (두 자리 수)×(한 자리 수) (3) |
| 3 | (두 자리 수)×(한 자리 수) 2 | 1주 | (두 자리 수)×(한 자리 수) (1) |
| | | 2주 | (두 자리 수)×(한 자리 수) (2) |
| | | 3주 | (두 자리 수)×(한 자리 수) (3) |
| | | 4주 | (두 자리 수)×(한 자리 수) (4) |
| 4 | (세 자리 수)×(한 자리 수) | 1주 | (세 자리 수)×(한 자리 수) (1) |
| | | 2주 | (세 자리 수)×(한 자리 수) (2) |
| | | 3주 | (세 자리 수)×(한 자리 수) (3) |
| | | 4주 | 곱셈 종합 |
| 5 | (두 자리 수)÷(한 자리 수) 1 | 1주 | 나눗셈의 기초 (1) |
| | | 2주 | 나눗셈의 기초 (2) |
| | | 3주 | 나눗셈의 기초 (3) |
| | | 4주 | (두 자리 수)÷(한 자리 수) |
| 6 | (두 자리 수)÷(한 자리 수) 2 | 1주 | (두 자리 수)÷(한 자리 수) (1) |
| | | 2주 | (두 자리 수)÷(한 자리 수) (2) |
| | | 3주 | (두 자리 수)÷(한 자리 수) (3) |
| | | 4주 | (두 자리 수)÷(한 자리 수) (4) |
| 7 | (두·세 자리 수)÷(한 자리 수) | 1주 | (두 자리 수)÷(한 자리 수) (1) |
| | | 2주 | (두 자리 수)÷(한 자리 수) (2) |
| | | 3주 | (세 자리 수)÷(한 자리 수) (1) |
| | | 4주 | (세 자리 수)÷(한 자리 수) (2) |

## MF 초등 3 · 4학년

| 권 | 제목 | | 주차별 학습 내용 |
|---|---|---|---|
| 1 | (두 자리 수)×(두 자리 수) | 1주 | (두 자리 수)×(한 자리 수) |
| | | 2주 | (두 자리 수)×(두 자리 수) (1) |
| | | 3주 | (두 자리 수)×(두 자리 수) (2) |
| | | 4주 | (두 자리 수)×(두 자리 수) (3) |
| 2 | (두·세 자리 수)×(두 자리 수) | 1주 | (두 자리 수)×(두 자리 수) |
| | | 2주 | (세 자리 수)×(한 자리 수) (1) |
| | | 3주 | (세 자리 수)×(두 자리 수) (1) |
| | | 4주 | 곱셈의 완성 |
| 3 | (두 자리 수)÷(두 자리 수) | 1주 | (두 자리 수)÷(두 자리 수) (1) |
| | | 2주 | (두 자리 수)÷(두 자리 수) (2) |
| | | 3주 | (두 자리 수)÷(두 자리 수) (3) |
| | | 4주 | (두 자리 수)÷(두 자리 수) (4) |
| 4 | (세 자리 수)÷(두 자리 수) | 1주 | (세 자리 수)÷(두 자리 수) (1) |
| | | 2주 | (세 자리 수)÷(두 자리 수) (2) |
| | | 3주 | (세 자리 수)÷(두 자리 수) (3) |
| | | 4주 | 나눗셈의 완성 |
| 5 | 혼합 계산 | 1주 | 혼합 계산 (1) |
| | | 2주 | 혼합 계산 (2) |
| | | 3주 | 혼합 계산 (3) |
| | | 4주 | 곱셈과 나눗셈, 혼합 계산 총정리 |
| 6 | 분수의 덧셈과 뺄셈 | 1주 | 분수의 덧셈 (1) |
| | | 2주 | 분수의 덧셈 (2) |
| | | 3주 | 분수의 뺄셈 (1) |
| | | 4주 | 분수의 뺄셈 (2) |
| 7 | 소수의 덧셈과 뺄셈 | 1주 | 분수의 덧셈과 뺄셈 |
| | | 2주 | 소수의 기초, 소수의 덧셈과 뺄셈 (1) |
| | | 3주 | 소수의 덧셈과 뺄셈 (2) |
| | | 4주 | 소수의 덧셈과 뺄셈 (3) |

## 주별 학습 내용　MF단계 ❻권

# 분수의 덧셈 (1)

1주차

| 요일 | 교재 번호 | 학습한 날짜 | | 확인 |
|---|---|---|---|---|
| 1일차(월) | 01~08 | 월 | 일 | |
| 2일차(화) | 09~16 | 월 | 일 | |
| 3일차(수) | 17~24 | 월 | 일 | |
| 4일차(목) | 25~32 | 월 | 일 | |
| 5일차(금) | 33~40 | 월 | 일 | |

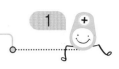

● 가분수는 대분수로, 대분수는 가분수로 나타내시오.

(1) $1\dfrac{1}{4} =$

(7) $\dfrac{23}{5} =$

(2) $\dfrac{9}{2} =$

(8) $1\dfrac{7}{10} =$

(3) $2\dfrac{4}{9} =$

(9) $\dfrac{19}{8} =$

(4) $\dfrac{31}{10} =$

(10) $2\dfrac{5}{6} =$

(5) $3\dfrac{2}{3} =$

(11) $\dfrac{20}{9} =$

(6) $\dfrac{49}{12} =$

(12) $2\dfrac{1}{7} =$

(13) $\dfrac{17}{3} =$

(16) $1\dfrac{5}{12} =$

(14) $3\dfrac{4}{9} =$

(17) $\dfrac{23}{7} =$

(15) $\dfrac{11}{6} =$

(18) $4\dfrac{2}{5} =$

● 두 분수의 크기를 비교하시오.

(19) $\dfrac{7}{13} \bigcirc \dfrac{9}{13}$

(22) $3\dfrac{1}{6} \bigcirc \dfrac{20}{6}$

(20) $4\dfrac{2}{9} \bigcirc 3\dfrac{4}{9}$

(23) $\dfrac{21}{10} \bigcirc 1\dfrac{7}{10}$

(21) $\dfrac{1}{7} \bigcirc \dfrac{1}{5}$

(24) $3\dfrac{1}{8} \bigcirc \dfrac{25}{8}$

● |보기|와 같이 분수의 덧셈을 하시오.

| 보기 |

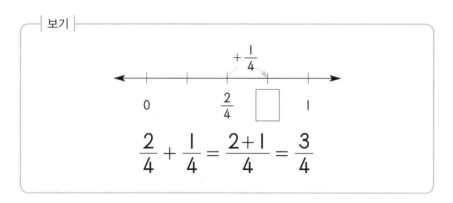

$$\frac{2}{4} + \frac{1}{4} = \frac{2+1}{4} = \frac{3}{4}$$

(1) $\dfrac{1}{4} + \dfrac{2}{4} = \dfrac{\boxed{1} + \boxed{\phantom{0}}}{4} = \boxed{\phantom{0}}$

(2) $\dfrac{1}{3} + \dfrac{1}{3} = \dfrac{\boxed{\phantom{0}} + \boxed{\phantom{0}}}{3} = \boxed{\phantom{0}}$

(3) $\dfrac{3}{5} + \dfrac{1}{5} = \dfrac{\boxed{\phantom{0}} + \boxed{\phantom{0}}}{5} = \boxed{\phantom{0}}$

(4) $\dfrac{2}{6} + \dfrac{3}{6} = \dfrac{\boxed{\phantom{0}} + \boxed{\phantom{0}}}{6} = \boxed{\phantom{0}}$

(5) $\dfrac{2}{7} + \dfrac{2}{7} = \dfrac{\boxed{\phantom{0}} + \boxed{\phantom{0}}}{7} = \boxed{\phantom{0}}$

 Talk 분모가 같은 진분수의 덧셈은 분모는 그대로 두고 분자끼리 더합니다.

(6) $\dfrac{2}{5} + \dfrac{2}{5} = \dfrac{\boxed{\phantom{0}} + \boxed{\phantom{0}}}{5} = \boxed{\phantom{0}}$

(7) $\dfrac{1}{8} + \dfrac{2}{8} = \dfrac{\boxed{\phantom{0}} + \boxed{\phantom{0}}}{8} = \boxed{\phantom{0}}$

(8) $\dfrac{1}{7} + \dfrac{1}{7} = \dfrac{\boxed{\phantom{0}} + \boxed{\phantom{0}}}{7} = \boxed{\phantom{0}}$

(9) $\dfrac{1}{9} + \dfrac{3}{9} = \dfrac{\boxed{\phantom{0}} + \boxed{\phantom{0}}}{9} = \boxed{\phantom{0}}$

(10) $\dfrac{4}{8} + \dfrac{1}{8} = \dfrac{\boxed{\phantom{0}} + \boxed{\phantom{0}}}{8} = \boxed{\phantom{0}}$

(11) $\dfrac{1}{10} + \dfrac{2}{10} = \dfrac{\boxed{\phantom{0}} + \boxed{\phantom{0}}}{10} = \boxed{\phantom{0}}$

(12) $\dfrac{2}{11} + \dfrac{4}{11} = \dfrac{\boxed{\phantom{0}} + \boxed{\phantom{0}}}{11} = \boxed{\phantom{0}}$

(13) $\dfrac{3}{12} + \dfrac{2}{12} = \dfrac{\boxed{\phantom{0}} + \boxed{\phantom{0}}}{12} = \boxed{\phantom{0}}$

**MF01** 분수의 덧셈 (1)

● 분수의 덧셈을 하시오.

(1) $\dfrac{2}{4} + \dfrac{1}{4} = \dfrac{\boxed{\phantom{0}} + \boxed{\phantom{0}}}{4} = \boxed{\phantom{0}}$

(2) $\dfrac{1}{5} + \dfrac{1}{5} =$

(3) $\dfrac{1}{9} + \dfrac{1}{9} =$

(4) $\dfrac{2}{8} + \dfrac{3}{8} =$

(5) $\dfrac{6}{9} + \dfrac{2}{9} =$

(6) $\dfrac{1}{7} + \dfrac{2}{7} =$

(7) $\dfrac{4}{10} + \dfrac{5}{10} =$

(8) $\dfrac{4}{9} + \dfrac{1}{9} =$

(9) $\dfrac{5}{12} + \dfrac{2}{12} =$

(10) $\dfrac{1}{11} + \dfrac{2}{11} =$

(11) $\dfrac{6}{13} + \dfrac{3}{13} =$

(12) $\dfrac{2}{15} + \dfrac{2}{15} =$

(13) $\dfrac{2}{14} + \dfrac{1}{14} =$

(14) $\dfrac{2}{16} + \dfrac{5}{16} =$

(15) $\dfrac{3}{17} + \dfrac{2}{17} =$

## MF01 분수의 덧셈 (1)

● 분수의 덧셈을 하시오.

(1) $\dfrac{1}{5} + \dfrac{2}{5} =$

(2) $\dfrac{4}{6} + \dfrac{1}{6} =$

(3) $\dfrac{1}{7} + \dfrac{3}{7} =$

(4) $\dfrac{5}{9} + \dfrac{2}{9} =$

(5) $\dfrac{1}{8} + \dfrac{6}{8} =$

(6) $\dfrac{1}{10} + \dfrac{8}{10} =$

(7) $\dfrac{2}{12} + \dfrac{3}{12} =$

(8) $\dfrac{3}{7} + \dfrac{3}{7} =$

(9) $\dfrac{3}{8} + \dfrac{2}{8} =$

(10) $\dfrac{2}{9} + \dfrac{2}{9} =$

(11) $\dfrac{6}{10} + \dfrac{1}{10} =$

(12) $\dfrac{2}{12} + \dfrac{9}{12} =$

(13) $\dfrac{4}{13} + \dfrac{2}{13} =$

(14) $\dfrac{5}{11} + \dfrac{2}{11} =$

(15) $\dfrac{2}{14} + \dfrac{3}{14} =$

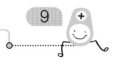

**MF01** 분수의 덧셈 (1)

● 분수의 덧셈을 하시오.

(1) $\dfrac{2}{7} + \dfrac{1}{7} =$

(2) $\dfrac{3}{9} + \dfrac{4}{9} =$

(3) $\dfrac{5}{8} + \dfrac{2}{8} =$

(4) $\dfrac{6}{10} + \dfrac{3}{10} =$

(5) $\dfrac{1}{12} + \dfrac{4}{12} =$

(6) $\dfrac{2}{11} + \dfrac{3}{11} =$

(7) $\dfrac{4}{15} + \dfrac{3}{15} =$

(8) $\dfrac{4}{8} + \dfrac{3}{8} =$

(9) $\dfrac{3}{9} + \dfrac{5}{9} =$

(10) $\dfrac{2}{10} + \dfrac{5}{10} =$

(11) $\dfrac{5}{11} + \dfrac{3}{11} =$

(12) $\dfrac{2}{13} + \dfrac{2}{13} =$

(13) $\dfrac{5}{14} + \dfrac{4}{14} =$

(14) $\dfrac{3}{12} + \dfrac{8}{12} =$

(15) $\dfrac{5}{15} + \dfrac{6}{15} =$

**MF01** 분수의 덧셈 (1)

● 분수의 덧셈을 하시오.

(1) $\dfrac{1}{7} + \dfrac{5}{7} =$

(2) $\dfrac{2}{8} + \dfrac{1}{8} =$

(3) $\dfrac{2}{9} + \dfrac{5}{9} =$

(4) $\dfrac{3}{10} + \dfrac{6}{10} =$

(5) $\dfrac{1}{12} + \dfrac{6}{12} =$

(6) $\dfrac{3}{11} + \dfrac{4}{11} =$

(7) $\dfrac{2}{13} + \dfrac{3}{13} =$

(8) $\dfrac{7}{9} + \dfrac{1}{9} =$

(9) $\dfrac{1}{11} + \dfrac{5}{11} =$

(10) $\dfrac{4}{12} + \dfrac{3}{12} =$

(11) $\dfrac{6}{14} + \dfrac{3}{14} =$

(12) $\dfrac{2}{13} + \dfrac{5}{13} =$

(13) $\dfrac{4}{15} + \dfrac{7}{15} =$

(14) $\dfrac{3}{16} + \dfrac{2}{16} =$

(15) $\dfrac{2}{17} + \dfrac{8}{17} =$

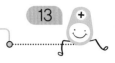

**MF01** 분수의 덧셈 (1)

● 분수의 덧셈을 하시오.

(1) $\dfrac{1}{5} + \dfrac{3}{5} =$

(2) $\dfrac{3}{7} + \dfrac{2}{7} =$

(3) $\dfrac{3}{11} + \dfrac{3}{11} =$

(4) $\dfrac{4}{9} + \dfrac{4}{9} =$

(5) $\dfrac{2}{8} + \dfrac{5}{8} =$

(6) $\dfrac{7}{12} + \dfrac{4}{12} =$

(7) $\dfrac{1}{13} + \dfrac{6}{13} =$

(8) $\dfrac{1}{9} + \dfrac{6}{9} =$

(9) $\dfrac{5}{10} + \dfrac{2}{10} =$

(10) $\dfrac{6}{12} + \dfrac{5}{12} =$

(11) $\dfrac{6}{11} + \dfrac{2}{11} =$

(12) $\dfrac{4}{16} + \dfrac{3}{16} =$

(13) $\dfrac{2}{14} + \dfrac{7}{14} =$

(14) $\dfrac{5}{13} + \dfrac{3}{13} =$

(15) $\dfrac{4}{17} + \dfrac{6}{17} =$

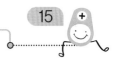

**MF01** 분수의 덧셈 (1)

● 분수의 덧셈을 하시오.

(1) $\dfrac{3}{8} + \dfrac{4}{8} =$

(2) $\dfrac{8}{10} + \dfrac{1}{10} =$

(3) $\dfrac{2}{11} + \dfrac{7}{11} =$

(4) $\dfrac{3}{16} + \dfrac{8}{16} =$

(5) $\dfrac{2}{12} + \dfrac{5}{12} =$

(6) $\dfrac{4}{13} + \dfrac{3}{13} =$

(7) $\dfrac{4}{11} + \dfrac{4}{11} =$

(8) $\dfrac{6}{9} + \dfrac{1}{9} =$

(9) $\dfrac{4}{11} + \dfrac{5}{11} =$

(10) $\dfrac{3}{12} + \dfrac{4}{12} =$

(11) $\dfrac{4}{10} + \dfrac{3}{10} =$

(12) $\dfrac{2}{13} + \dfrac{8}{13} =$

(13) $\dfrac{6}{16} + \dfrac{3}{16} =$

(14) $\dfrac{1}{15} + \dfrac{3}{15} =$

(15) $\dfrac{5}{17} + \dfrac{3}{17} =$

**MF01** 분수의 덧셈 (1)

● 분수의 덧셈을 하시오.

(1) $\dfrac{2}{7} + \dfrac{3}{7} =$

(2) $\dfrac{1}{9} + \dfrac{7}{9} =$

(3) $\dfrac{7}{10} + \dfrac{2}{10} =$

(4) $\dfrac{3}{14} + \dfrac{2}{14} =$

(5) $\dfrac{2}{11} + \dfrac{5}{11} =$

(6) $\dfrac{3}{15} + \dfrac{8}{15} =$

(7) $\dfrac{4}{12} + \dfrac{1}{12} =$

(8) $\dfrac{2}{9} + \dfrac{6}{9} =$

(9) $\dfrac{3}{11} + \dfrac{2}{11} =$

(10) $\dfrac{1}{13} + \dfrac{9}{13} =$

(11) $\dfrac{9}{14} + \dfrac{4}{14} =$

(12) $\dfrac{3}{10} + \dfrac{4}{10} =$

(13) $\dfrac{2}{15} + \dfrac{11}{15} =$

(14) $\dfrac{7}{17} + \dfrac{2}{17} =$

(15) $\dfrac{5}{16} + \dfrac{6}{16} =$

**MF01**  분수의 덧셈 (1)

● |보기|와 같이 분수의 덧셈을 하시오.

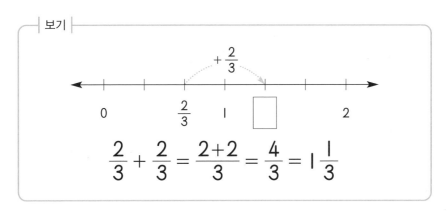

보기

$$\frac{2}{3} + \frac{2}{3} = \frac{2+2}{3} = \frac{4}{3} = 1\frac{1}{3}$$

(1) $\dfrac{2}{4} + \dfrac{3}{4} = \dfrac{\boxed{2}+\boxed{\phantom{0}}}{4} = \dfrac{\boxed{\phantom{0}}}{4} = \boxed{\phantom{0}}$

(2) $\dfrac{3}{5} + \dfrac{4}{5} = \dfrac{\boxed{\phantom{0}}+\boxed{\phantom{0}}}{5} = \dfrac{\boxed{\phantom{0}}}{5} = \boxed{\phantom{0}}$

(3) $\dfrac{5}{7} + \dfrac{3}{7} = \dfrac{\boxed{\phantom{0}}+\boxed{\phantom{0}}}{7} = \dfrac{\boxed{\phantom{0}}}{7} = \boxed{\phantom{0}}$

(4) $\dfrac{2}{6} + \dfrac{5}{6} = \dfrac{\boxed{\phantom{0}}+\boxed{\phantom{0}}}{6} = \dfrac{\boxed{\phantom{0}}}{6} = \boxed{\phantom{0}}$

(5) $\dfrac{2}{3} + \dfrac{1}{3} = \dfrac{\boxed{\phantom{0}}+\boxed{\phantom{0}}}{3} = \dfrac{\boxed{\phantom{0}}}{3} = 1$

 Talk  분모가 같은 진분수의 덧셈에서 계산 결과가 가분수이면 대분수 또는 자연수로 바꾸어 나타냅니다.

(6) $\dfrac{3}{4} + \dfrac{2}{4} = \dfrac{\boxed{\phantom{0}}+\boxed{\phantom{0}}}{4} = \dfrac{\boxed{\phantom{0}}}{4} = \boxed{\phantom{0}}$

(7) $\dfrac{3}{5} + \dfrac{3}{5} = \dfrac{\boxed{\phantom{0}}+\boxed{\phantom{0}}}{5} = \dfrac{\boxed{\phantom{0}}}{5} = \boxed{\phantom{0}}$

(8) $\dfrac{7}{9} + \dfrac{4}{9} = \dfrac{\boxed{\phantom{0}}+\boxed{\phantom{0}}}{9} = \dfrac{\boxed{\phantom{0}}}{9} = \boxed{\phantom{0}}$

(9) $\dfrac{6}{8} + \dfrac{7}{8} = \dfrac{\boxed{\phantom{0}}+\boxed{\phantom{0}}}{8} = \dfrac{\boxed{\phantom{0}}}{8} = \boxed{\phantom{0}}$

(10) $\dfrac{4}{7} + \dfrac{6}{7} = \dfrac{\boxed{\phantom{0}}+\boxed{\phantom{0}}}{7} = \dfrac{\boxed{\phantom{0}}}{7} = \boxed{\phantom{0}}$

(11) $\dfrac{8}{10} + \dfrac{3}{10} = \dfrac{\boxed{\phantom{0}}+\boxed{\phantom{0}}}{10} = \dfrac{\boxed{\phantom{0}}}{10} = \boxed{\phantom{0}}$

(12) $\dfrac{7}{13} + \dfrac{9}{13} = \dfrac{\boxed{\phantom{0}}+\boxed{\phantom{0}}}{13} = \dfrac{\boxed{\phantom{0}}}{13} = \boxed{\phantom{0}}$

(13) $\dfrac{9}{14} + \dfrac{8}{14} = \dfrac{\boxed{\phantom{0}}+\boxed{\phantom{0}}}{14} = \dfrac{\boxed{\phantom{0}}}{14} = \boxed{\phantom{0}}$

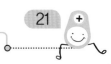

**MF01** 분수의 덧셈 (1)

● 분수의 덧셈을 하시오.

(1) $\dfrac{4}{5} + \dfrac{4}{5} = \dfrac{\boxed{\phantom{0}} + \boxed{\phantom{0}}}{5} = \dfrac{\boxed{\phantom{0}}}{5} = \boxed{\phantom{0}}$

(2) $\dfrac{4}{6} + \dfrac{3}{6} =$

(3) $\dfrac{2}{9} + \dfrac{8}{9} =$

(4) $\dfrac{3}{10} + \dfrac{7}{10} =$

(5) $\dfrac{7}{12} + \dfrac{6}{12} =$

(6) $\dfrac{6}{13} + \dfrac{8}{13} =$

(7) $\dfrac{14}{15} + \dfrac{3}{15} =$

(8) $\dfrac{4}{5} + \dfrac{2}{5} =$

(9) $\dfrac{6}{8} + \dfrac{3}{8} =$

(10) $\dfrac{3}{7} + \dfrac{4}{7} =$

(11) $\dfrac{7}{9} + \dfrac{7}{9} =$

(12) $\dfrac{8}{10} + \dfrac{9}{10} =$

(13) $\dfrac{5}{11} + \dfrac{8}{11} =$

(14) $\dfrac{5}{13} + \dfrac{10}{13} =$

(15) $\dfrac{13}{16} + \dfrac{12}{16} =$

**MF01** 분수의 덧셈 (1)

● 분수의 덧셈을 하시오.

(1) $\dfrac{6}{8} + \dfrac{5}{8} =$

(2) $\dfrac{7}{9} + \dfrac{6}{9} =$

(3) $\dfrac{11}{13} + \dfrac{4}{13} =$

(4) $\dfrac{6}{15} + \dfrac{11}{15} =$

(5) $\dfrac{9}{16} + \dfrac{8}{16} =$

(6) $\dfrac{6}{11} + \dfrac{7}{11} =$

(7) $\dfrac{8}{12} + \dfrac{9}{12} =$

(8) $\dfrac{8}{7} + \dfrac{4}{7} =$

(9) $\dfrac{1}{9} + \dfrac{8}{9} =$

(10) $\dfrac{7}{11} + \dfrac{8}{11} =$

(11) $\dfrac{10}{13} + \dfrac{9}{13} =$

(12) $\dfrac{6}{10} + \dfrac{5}{10} =$

(13) $\dfrac{6}{16} + \dfrac{13}{16} =$

(14) $\dfrac{11}{15} + \dfrac{8}{15} =$

(15) $\dfrac{10}{14} + \dfrac{9}{14} =$

**MF01** 분수의 덧셈 (1)

● 분수의 덧셈을 하시오.

(1) $\dfrac{5}{7} + \dfrac{4}{7} =$

(2) $\dfrac{6}{9} + \dfrac{8}{9} =$

(3) $\dfrac{9}{10} + \dfrac{4}{10} =$

(4) $\dfrac{8}{11} + \dfrac{4}{11} =$

(5) $\dfrac{13}{15} + \dfrac{9}{15} =$

(6) $\dfrac{11}{16} + \dfrac{14}{16} =$

(7) $\dfrac{12}{17} + \dfrac{8}{17} =$

(8) $\dfrac{4}{5} + \dfrac{4}{5} =$

(9) $\dfrac{7}{8} + \dfrac{4}{8} =$

(10) $\dfrac{7}{14} + \dfrac{8}{14} =$

(11) $\dfrac{8}{11} + \dfrac{9}{11} =$

(12) $\dfrac{13}{17} + \dfrac{7}{17} =$

(13) $\dfrac{10}{13} + \dfrac{10}{13} =$

(14) $\dfrac{8}{12} + \dfrac{5}{12} =$

(15) $\dfrac{4}{15} + \dfrac{11}{15} =$

**MF01** 분수의 덧셈 (1)

● 분수의 덧셈을 하시오.

(1) $\dfrac{3}{6} + \dfrac{4}{6} =$

(2) $\dfrac{5}{8} + \dfrac{4}{8} =$

(3) $\dfrac{9}{11} + \dfrac{6}{11} =$

(4) $\dfrac{11}{12} + \dfrac{6}{12} =$

(5) $\dfrac{5}{14} + \dfrac{9}{14} =$

(6) $\dfrac{8}{15} + \dfrac{8}{15} =$

(7) $\dfrac{17}{19} + \dfrac{4}{19} =$

(8) $\dfrac{5}{7} + \dfrac{5}{7} =$

(9) $\dfrac{8}{9} + \dfrac{3}{9} =$

(10) $\dfrac{6}{10} + \dfrac{7}{10} =$

(11) $\dfrac{7}{18} + \dfrac{12}{18} =$

(12) $\dfrac{11}{20} + \dfrac{16}{20} =$

(13) $\dfrac{6}{13} + \dfrac{12}{13} =$

(14) $\dfrac{14}{17} + \dfrac{8}{17} =$

(15) $\dfrac{10}{21} + \dfrac{13}{21} =$

**MF01** 분수의 덧셈 (1)

● 분수의 덧셈을 하시오.

(1) $\dfrac{6}{7} + \dfrac{3}{7} =$

(2) $\dfrac{4}{8} + \dfrac{4}{8} =$

(3) $\dfrac{5}{10} + \dfrac{8}{10} =$

(4) $\dfrac{8}{11} + \dfrac{6}{11} =$

(5) $\dfrac{12}{14} + \dfrac{11}{14} =$

(6) $\dfrac{7}{16} + \dfrac{14}{16} =$

(7) $\dfrac{13}{19} + \dfrac{7}{19} =$

(8) $\dfrac{7}{8} + \dfrac{2}{8} =$

(9) $\dfrac{5}{9} + \dfrac{5}{9} =$

(10) $\dfrac{11}{13} + \dfrac{10}{13} =$

(11) $\dfrac{6}{12} + \dfrac{11}{12} =$

(12) $\dfrac{8}{15} + \dfrac{14}{15} =$

(13) $\dfrac{9}{17} + \dfrac{11}{17} =$

(14) $\dfrac{14}{20} + \dfrac{9}{20} =$

(15) $\dfrac{16}{19} + \dfrac{5}{19} =$

**MF01** 분수의 덧셈 (1)

● 분수의 덧셈을 하시오.

(1) $\dfrac{4}{13} + \dfrac{9}{13} =$

(2) $\dfrac{12}{15} + \dfrac{14}{15} =$

(3) $\dfrac{9}{11} + \dfrac{9}{11} =$

(4) $\dfrac{7}{10} + \dfrac{6}{10} =$

(5) $\dfrac{15}{16} + \dfrac{4}{16} =$

(6) $\dfrac{6}{17} + \dfrac{15}{17} =$

(7) $\dfrac{10}{13} + \dfrac{6}{13} =$

(8) $\dfrac{10}{11} + \dfrac{9}{11} =$

(9) $\dfrac{11}{13} + \dfrac{7}{13} =$

(10) $\dfrac{8}{14} + \dfrac{7}{14} =$

(11) $\dfrac{13}{15} + \dfrac{4}{15} =$

(12) $\dfrac{11}{16} + \dfrac{8}{16} =$

(13) $\dfrac{10}{17} + \dfrac{13}{17} =$

(14) $\dfrac{11}{12} + \dfrac{8}{12} =$

(15) $\dfrac{18}{20} + \dfrac{5}{20} =$

**MF01** 분수의 덧셈 (1)

● 분수의 덧셈을 하시오.

(1) $\dfrac{5}{7} + \dfrac{6}{7} =$

(2) $\dfrac{2}{10} + \dfrac{9}{10} =$

(3) $\dfrac{4}{11} + \dfrac{7}{11} =$

(4) $\dfrac{9}{13} + \dfrac{8}{13} =$

(5) $\dfrac{4}{17} + \dfrac{16}{17} =$

(6) $\dfrac{16}{20} + \dfrac{13}{20} =$

(7) $\dfrac{15}{19} + \dfrac{7}{19} =$

(8) $\dfrac{8}{9} + \dfrac{5}{9} =$

(9) $\dfrac{8}{13} + \dfrac{7}{13} =$

(10) $\dfrac{11}{18} + \dfrac{12}{18} =$

(11) $\dfrac{8}{14} + \dfrac{11}{14} =$

(12) $\dfrac{8}{17} + \dfrac{15}{17} =$

(13) $\dfrac{7}{16} + \dfrac{9}{16} =$

(14) $\dfrac{17}{20} + \dfrac{6}{20} =$

(15) $\dfrac{17}{21} + \dfrac{5}{21} =$

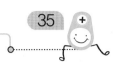

**MF01** 분수의 덧셈 (1)

● |보기|와 같이 자연수는 자연수끼리, 분수는 분수끼리 분수의 덧셈을 하시오.

> |보기|
>
> $$2\frac{1}{5} + 1\frac{2}{5} = (2 + 1) + (\frac{1}{5} + \frac{2}{5})$$
> $$= 3 + \frac{3}{5} = 3\frac{3}{5}$$

(1) $1\dfrac{1}{3} + 2\dfrac{1}{3} = (\boxed{\phantom{0}} + 2) + (\dfrac{\boxed{\phantom{0}}}{3} + \dfrac{1}{3})$

$$= \boxed{\phantom{0}} + \dfrac{\boxed{\phantom{0}}}{3} = \boxed{\phantom{0}}$$

(2) $3\dfrac{1}{6} + 2\dfrac{4}{6} = (\boxed{\phantom{0}} + 2) + (\dfrac{\boxed{\phantom{0}}}{6} + \dfrac{4}{6})$

$$= \boxed{\phantom{0}} + \dfrac{\boxed{\phantom{0}}}{6} = \boxed{\phantom{0}}$$

(3) $4\dfrac{1}{7} + \dfrac{4}{7} = \boxed{\phantom{0}} + (\dfrac{\boxed{\phantom{0}}}{7} + \dfrac{4}{7})$

$$= \boxed{\phantom{0}} + \dfrac{\boxed{\phantom{0}}}{7} = \boxed{\phantom{0}}$$

🐾 Talk 분모가 같은 대분수의 덧셈은 자연수는 자연수끼리, 분수는 분수끼리 계산합니다.

36

(4) $\dfrac{4}{8} + 2\dfrac{1}{8} = \square + (\dfrac{\square}{8} + \dfrac{1}{8})$

$= \square + \dfrac{\square}{8} = \square$

(5) $2\dfrac{3}{9} + 3\dfrac{2}{9} = (\square + 3) + (\dfrac{\square}{9} + \dfrac{2}{9})$

$= \square + \dfrac{\square}{9} = \square$

(6) $1\dfrac{4}{10} + 3\dfrac{3}{10} = (\square + 3) + (\dfrac{\square}{10} + \dfrac{3}{10})$

$= \square + \dfrac{\square}{10} = \square$

(7) $2\dfrac{1}{12} + 1\dfrac{4}{12} = (\square + 1) + (\dfrac{\square}{12} + \dfrac{4}{12})$

$= \square + \dfrac{\square}{12} = \square$

**MF01** 분수의 덧셈 (1)

● 자연수는 자연수끼리, 분수는 분수끼리 분수의 덧셈을 하시오.

(1) $5\dfrac{1}{4} + 1\dfrac{2}{4} = (\square + 1) + (\dfrac{\square}{4} + \dfrac{2}{4})$

$\qquad\qquad = \square + \dfrac{\square}{4} = \square$

(2) $\dfrac{1}{5} + 3\dfrac{3}{5} =$

(3) $1\dfrac{3}{6} + 1\dfrac{2}{6} =$

(4) $2\dfrac{3}{7} + 1\dfrac{1}{7} =$

(5) $2\dfrac{3}{8} + 2\dfrac{2}{8} =$

(6) $3\dfrac{2}{9} + \dfrac{2}{9} =$

(7) $5\dfrac{2}{11} + \dfrac{4}{11} =$

(8) $1\dfrac{2}{7} + 3\dfrac{2}{7} =$

(9) $2\dfrac{1}{9} + 1\dfrac{4}{9} =$

(10) $2\dfrac{1}{5} + 2\dfrac{1}{5} =$

(11) $1\dfrac{1}{10} + 4\dfrac{2}{10} =$

(12) $3\dfrac{5}{12} + \dfrac{2}{12} =$

(13) $2\dfrac{1}{13} + 1\dfrac{5}{13} =$

(14) $1\dfrac{2}{17} + 2\dfrac{3}{17} =$

**MF01** 분수의 덧셈 (1)

● 자연수는 자연수끼리, 분수는 분수끼리 분수의 덧셈을 하시오.

(1) $\dfrac{2}{4} + 3\dfrac{1}{4} =$

(2) $3\dfrac{2}{7} + 2\dfrac{1}{7} =$

(3) $1\dfrac{2}{5} + 2\dfrac{1}{5} =$

(4) $2\dfrac{3}{10} + \dfrac{6}{10} =$

(5) $2\dfrac{5}{11} + 2\dfrac{2}{11} =$

(6) $4\dfrac{5}{9} + 3\dfrac{3}{9} =$

(7) $2\dfrac{2}{12} + 1\dfrac{9}{12} =$

(8) $2\dfrac{4}{6} + 4\dfrac{1}{6} =$

(9) $4\dfrac{1}{8} + 3\dfrac{6}{8} =$

(10) $3\dfrac{2}{11} + \dfrac{3}{11} =$

(11) $1\dfrac{7}{13} + 3\dfrac{2}{13} =$

(12) $1\dfrac{5}{10} + 2\dfrac{2}{10} =$

(13) $5\dfrac{2}{14} + 1\dfrac{3}{14} =$

(14) $\dfrac{3}{12} + 2\dfrac{8}{12} =$

(15) $2\dfrac{3}{15} + 3\dfrac{4}{15} =$

# 분수의 덧셈 (2)

2주차

| 요일 | 교재 번호 | 학습한 날짜 | | 확인 |
|------|-----------|-------------|---|------|
| 1일차(월) | 01~08 | 월 | 일 | |
| 2일차(화) | 09~16 | 월 | 일 | |
| 3일차(수) | 17~24 | 월 | 일 | |
| 4일차(목) | 25~32 | 월 | 일 | |
| 5일차(금) | 33~40 | 월 | 일 | |

● 분수의 덧셈을 하시오.

(1) $\dfrac{2}{7} + \dfrac{4}{7} =$

(2) $\dfrac{4}{5} + \dfrac{3}{5} =$

(3) $\dfrac{7}{9} + \dfrac{3}{9} =$

(4) $\dfrac{2}{13} + \dfrac{6}{13} =$

(5) $\dfrac{8}{11} + \dfrac{6}{11} =$

(6) $\dfrac{9}{15} + \dfrac{4}{15} =$

(7) $\dfrac{9}{12} + \dfrac{8}{12} =$

(8) $\dfrac{5}{9} + \dfrac{8}{9} =$

(9) $\dfrac{1}{13} + \dfrac{9}{13} =$

(10) $\dfrac{5}{14} + \dfrac{4}{14} =$

(11) $4\dfrac{2}{8} + 2\dfrac{3}{8} =$

(12) $2\dfrac{2}{10} + \dfrac{1}{10} =$

(13) $\dfrac{8}{15} + 1\dfrac{3}{15} =$

(14) $2\dfrac{3}{11} + 1\dfrac{7}{11} =$

(15) $1\dfrac{14}{18} + 1\dfrac{3}{18} =$

**MF02** 분수의 덧셈 (2)

● |보기|와 같이 자연수는 자연수끼리, 분수는 분수끼리 분수의 덧셈을 하시오.

> **│보기│**
>
> $$1\frac{2}{3} + 2\frac{2}{3} = (1+2) + \left(\frac{2}{3} + \frac{2}{3}\right)$$
> $$= 3 + \frac{4}{3} = 4\frac{1}{3}$$

(1) $3\frac{2}{6} + 1\frac{5}{6} = (\square + 1) + \left(\dfrac{\square}{6} + \dfrac{5}{6}\right)$

$\qquad = \square + \dfrac{\square}{6} = \square$

(2) $1\frac{4}{7} + 2\frac{4}{7} = (\square + 2) + \left(\dfrac{\square}{7} + \dfrac{4}{7}\right)$

$\qquad = \square + \dfrac{\square}{7} = \square$

(3) $1\frac{3}{5} + 1\frac{2}{5} = (\square + 1) + \left(\dfrac{3}{5} + \dfrac{\square}{5}\right)$

$\qquad = \square + \dfrac{\square}{5} = 3$

**Talk** 분수의 합이 가분수가 되는 분모가 같은 대분수의 덧셈은 자연수와 진분수로 나누어 계산한 후, 가분수인 계산 결과를 대분수로 고쳐서 나타냅니다.

(4) $4\frac{2}{8} + \frac{7}{8} = \square + (\frac{\square}{8} + \frac{7}{8})$

$\qquad = \square + \frac{\square}{8} = \square$

(5) $1\frac{3}{9} + 2\frac{7}{9} = (\square + 2) + (\frac{3}{9} + \frac{\square}{9})$

$\qquad = \square + \frac{\square}{9} = \square$

(6) $1\frac{4}{10} + 4\frac{7}{10} = (1 + \square) + (\frac{\square}{10} + \frac{7}{10})$

$\qquad = \square + \frac{\square}{10} = \square$

(7) $2\frac{5}{9} + \frac{6}{9} = \square + (\frac{\square}{9} + \frac{6}{9})$

$\qquad = \square + \frac{\square}{9} = \square$

● 자연수는 자연수끼리, 분수는 분수끼리 분수의 덧셈을 하시오.

(1) $2\dfrac{3}{4} + 1\dfrac{2}{4} = (\boxed{\phantom{0}} + 1) + (\dfrac{\boxed{\phantom{0}}}{4} + \dfrac{\boxed{\phantom{0}}}{4})$

$= \boxed{\phantom{0}} + \dfrac{\boxed{\phantom{0}}}{4} = \boxed{\phantom{0}}$

(2) $1\dfrac{1}{2} + 5\dfrac{1}{2} =$

(3) $1\dfrac{4}{5} + 1\dfrac{3}{5} =$

(4) $2\dfrac{7}{8} + \dfrac{6}{8} =$

(5) $4\dfrac{5}{7} + 3\dfrac{4}{7} =$

(6) $2\dfrac{4}{5} + 3\dfrac{2}{5} =$

(7) $\dfrac{3}{7} + 3\dfrac{5}{7} =$

(8) $3\dfrac{1}{9} + 2\dfrac{8}{9} =$

(9) $\dfrac{5}{13} + 2\dfrac{9}{13} =$

(10) $3\dfrac{8}{15} + 1\dfrac{9}{15} =$

(11) $2\dfrac{9}{11} + 4\dfrac{5}{11} =$

(12) $3\dfrac{5}{10} + \dfrac{8}{10} =$

(13) $5\dfrac{6}{12} + 1\dfrac{7}{12} =$

(14) $1\dfrac{4}{16} + 2\dfrac{13}{16} =$

● 자연수는 자연수끼리, 분수는 분수끼리 분수의 덧셈을 하시오.

(1) $1\dfrac{4}{5} + 2\dfrac{4}{5} =$

(2) $2\dfrac{7}{8} + 1\dfrac{6}{8} =$

(3) $2\dfrac{3}{7} + \dfrac{5}{7} =$

(4) $1\dfrac{8}{9} + 3\dfrac{5}{9} =$

(5) $3\dfrac{6}{11} + 2\dfrac{7}{11} =$

(6) $4\dfrac{3}{10} + 2\dfrac{7}{10} =$

(7) $\dfrac{7}{15} + 3\dfrac{9}{15} =$

(8) $5\dfrac{3}{5} + \dfrac{3}{5} =$

(9) $2\dfrac{5}{8} + 4\dfrac{3}{8} =$

(10) $4\dfrac{8}{12} + 3\dfrac{9}{12} =$

(11) $2\dfrac{11}{17} + 1\dfrac{8}{17} =$

(12) $1\dfrac{9}{16} + 1\dfrac{10}{16} =$

(13) $1\dfrac{9}{13} + 4\dfrac{6}{13} =$

(14) $2\dfrac{8}{14} + 3\dfrac{9}{14} =$

(15) $\dfrac{13}{17} + 1\dfrac{7}{17} =$

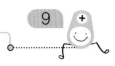

**MF02** 분수의 덧셈 (2)

● 자연수는 자연수끼리, 분수는 분수끼리 분수의 덧셈을 하시오.

(1) $1\dfrac{14}{15} + 2\dfrac{5}{15} =$

(2) $2\dfrac{7}{11} + 4\dfrac{9}{11} =$

(3) $3\dfrac{15}{19} + \dfrac{8}{19} =$

(4) $5\dfrac{6}{16} + 1\dfrac{11}{16} =$

(5) $\dfrac{2}{9} + 4\dfrac{7}{9} =$

(6) $2\dfrac{8}{12} + 2\dfrac{5}{12} =$

(7) $1\dfrac{12}{17} + 3\dfrac{6}{17} =$

(8) $\dfrac{9}{16} + 3\dfrac{8}{16} =$

(9) $2\dfrac{10}{15} + 2\dfrac{13}{15} =$

(10) $3\dfrac{12}{14} + 2\dfrac{3}{14} =$

(11) $5\dfrac{7}{13} + 1\dfrac{6}{13} =$

(12) $4\dfrac{6}{21} + \dfrac{17}{21} =$

(13) $1\dfrac{14}{19} + 2\dfrac{7}{19} =$

(14) $2\dfrac{15}{20} + 2\dfrac{8}{20} =$

(15) $5\dfrac{9}{17} + 2\dfrac{11}{17} =$

MF02 분수의 덧셈 (2)

● |보기|와 같이 대분수를 가분수로 고쳐서 분수의 덧셈을 하시오.

보기

$$1\frac{2}{4} + 2\frac{3}{4} = \frac{6}{4} + \frac{11}{4} = \frac{17}{4} = 4\frac{1}{4}$$

(1) $1\frac{2}{3} + \frac{2}{3} = \frac{5}{3} + \frac{\Box}{3} = \frac{\Box}{3} = \Box$

(2) $\frac{5}{8} + 1\frac{2}{8} = \frac{\Box}{8} + \frac{\Box}{8} = \frac{\Box}{8} = \Box$

(3) $1\frac{3}{6} + 1\frac{4}{6} = \frac{\Box}{6} + \frac{\Box}{6} = \frac{\Box}{6} = \Box$

(4) $2\frac{3}{7} + 1\frac{5}{7} = \frac{\Box}{7} + \frac{\Box}{7} = \frac{\Box}{7} = \Box$

(5) $1\frac{3}{5} + \frac{2}{5} = \frac{\Box}{5} + \frac{\Box}{5} = \frac{\Box}{5} = 2$

Talk 분모가 같은 대분수의 덧셈은 대분수를 가분수로 고쳐서 계산할 수 있습니다.

MF단계 ❻권 63

(6) $1\dfrac{3}{6} + 4\dfrac{3}{6} = \dfrac{\boxed{\phantom{0}}}{6} + \dfrac{\boxed{\phantom{0}}}{6} = \dfrac{\boxed{\phantom{0}}}{6} = \boxed{\phantom{0}}$

(7) $\dfrac{6}{7} + 1\dfrac{2}{7} = \dfrac{\boxed{\phantom{0}}}{7} + \dfrac{\boxed{\phantom{0}}}{7} = \dfrac{\boxed{\phantom{0}}}{7} = \boxed{\phantom{0}}$

(8) $1\dfrac{6}{8} + 1\dfrac{3}{8} = \dfrac{\boxed{\phantom{0}}}{8} + \dfrac{\boxed{\phantom{0}}}{8} = \dfrac{\boxed{\phantom{0}}}{8} = \boxed{\phantom{0}}$

(9) $2\dfrac{4}{9} + \dfrac{7}{9} = \dfrac{\boxed{\phantom{0}}}{9} + \dfrac{\boxed{\phantom{0}}}{9} = \dfrac{\boxed{\phantom{0}}}{9} = \boxed{\phantom{0}}$

(10) $3\dfrac{3}{5} + 2\dfrac{4}{5} = \dfrac{\boxed{\phantom{0}}}{5} + \dfrac{\boxed{\phantom{0}}}{5} = \dfrac{\boxed{\phantom{0}}}{5} = \boxed{\phantom{0}}$

(11) $1\dfrac{7}{8} + 2\dfrac{2}{8} = \dfrac{\boxed{\phantom{0}}}{8} + \dfrac{\boxed{\phantom{0}}}{8} = \dfrac{\boxed{\phantom{0}}}{8} = \boxed{\phantom{0}}$

(12) $2\dfrac{9}{10} + 1\dfrac{2}{10} = \dfrac{\boxed{\phantom{0}}}{10} + \dfrac{\boxed{\phantom{0}}}{10} = \dfrac{\boxed{\phantom{0}}}{10} = \boxed{\phantom{0}}$

(13) $1\dfrac{6}{12} + \dfrac{11}{12} = \dfrac{\boxed{\phantom{0}}}{12} + \dfrac{\boxed{\phantom{0}}}{12} = \dfrac{\boxed{\phantom{0}}}{12} = \boxed{\phantom{0}}$

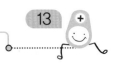

**MF02** 분수의 덧셈 (2)

● 대분수를 가분수로 고쳐서 분수의 덧셈을 하시오.

(1) $1\dfrac{2}{5} + 4\dfrac{3}{5} = \dfrac{\boxed{\phantom{0}}}{5} + \dfrac{\boxed{\phantom{0}}}{5} = \dfrac{\boxed{\phantom{0}}}{5} = \boxed{\phantom{0}}$

(2) $2\dfrac{6}{8} + \dfrac{7}{8} =$

(3) $1\dfrac{4}{7} + 2\dfrac{3}{7} =$

(4) $2\dfrac{2}{3} + 2\dfrac{2}{3} =$

(5) $\dfrac{6}{9} + 3\dfrac{8}{9} =$

(6) $1\dfrac{2}{11} + \dfrac{10}{11} =$

(7) $2\dfrac{3}{10} + 1\dfrac{8}{10} =$

(8) $2\dfrac{2}{7} + 4\dfrac{5}{7} =$

(9) $1\dfrac{5}{8} + 2\dfrac{6}{8} =$

(10) $1\dfrac{5}{10} + 2\dfrac{8}{10} =$

(11) $3\dfrac{1}{4} + 1\dfrac{3}{4} =$

(12) $2\dfrac{9}{11} + \dfrac{4}{11} =$

(13) $2\dfrac{4}{9} + 1\dfrac{6}{9} =$

(14) $\dfrac{7}{13} + 1\dfrac{10}{13} =$

(15) $1\dfrac{8}{14} + 1\dfrac{7}{14} =$

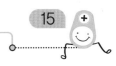

**MF02** 분수의 덧셈 (2)

● 대분수를 가분수로 고쳐서 분수의 덧셈을 하시오.

(1) $\dfrac{8}{10} + 1\dfrac{9}{10} =$

(2) $2\dfrac{3}{9} + 3\dfrac{8}{9} =$

(3) $1\dfrac{5}{11} + 2\dfrac{8}{11} =$

(4) $4\dfrac{4}{7} + 3\dfrac{5}{7} =$

(5) $1\dfrac{12}{13} + \dfrac{4}{13} =$

(6) $1\dfrac{2}{8} + 4\dfrac{6}{8} =$

(7) $\dfrac{3}{14} + 1\dfrac{12}{14} =$

(8) $4\dfrac{1}{5} + 3\dfrac{4}{5} =$

(9) $3\dfrac{6}{9} + 2\dfrac{7}{9} =$

(10) $1\dfrac{4}{8} + 2\dfrac{7}{8} =$

(11) $1\dfrac{3}{7} + 3\dfrac{4}{7} =$

(12) $1\dfrac{9}{13} + \dfrac{5}{13} =$

(13) $2\dfrac{7}{10} + 1\dfrac{4}{10} =$

(14) $2\dfrac{7}{9} + 2\dfrac{3}{9} =$

(15) $\dfrac{11}{12} + 2\dfrac{6}{12} =$

● 대분수를 가분수로 고쳐서 분수의 덧셈을 하시오.

(1) $1\dfrac{2}{4} + 2\dfrac{2}{4} =$

(2) $2\dfrac{3}{6} + 5\dfrac{4}{6} =$

(3) $2\dfrac{6}{7} + 2\dfrac{4}{7} =$

(4) $3\dfrac{6}{8} + \dfrac{5}{8} =$

(5) $4\dfrac{8}{9} + 1\dfrac{2}{9} =$

(6) $\dfrac{9}{10} + 2\dfrac{8}{10} =$

(7) $2\dfrac{7}{11} + 4\dfrac{8}{11} =$

(8) $2\dfrac{7}{9} + 1\dfrac{7}{9} =$

(9) $3\dfrac{11}{12} + \dfrac{8}{12} =$

(10) $1\dfrac{6}{8} + 3\dfrac{7}{8} =$

(11) $2\dfrac{7}{13} + 3\dfrac{9}{13} =$

(12) $\dfrac{13}{14} + 2\dfrac{6}{14} =$

(13) $2\dfrac{8}{15} + 2\dfrac{11}{15} =$

(14) $1\dfrac{2}{12} + 1\dfrac{11}{12} =$

(15) $1\dfrac{6}{17} + 2\dfrac{12}{17} =$

**MF02** 분수의 덧셈 (2)

● 분수의 덧셈을 하시오.

(1) $\dfrac{1}{7} + \dfrac{5}{7} =$

(2) $2\dfrac{7}{9} + 2\dfrac{4}{9} =$

(3) $1\dfrac{5}{12} + 3\dfrac{8}{12} =$

(4) $1\dfrac{12}{16} + \dfrac{13}{16} =$

(5) $1\dfrac{2}{6} + 2\dfrac{4}{6} =$

(6) $\dfrac{4}{12} + 2\dfrac{1}{12} =$

(7) $\dfrac{11}{13} + \dfrac{8}{13} =$

(8) $2\dfrac{5}{8} + 4\dfrac{4}{8} =$

(9) $2\dfrac{5}{10} + \dfrac{4}{10} =$

(10) $\dfrac{6}{14} + \dfrac{9}{14} =$

(11) $1\dfrac{5}{9} + 2\dfrac{5}{9} =$

(12) $\dfrac{10}{11} + 1\dfrac{3}{11} =$

(13) $3\dfrac{3}{7} + 1\dfrac{4}{7} =$

(14) $\dfrac{9}{15} + \dfrac{4}{15} =$

(15) $2\dfrac{9}{12} + 1\dfrac{4}{12} =$

● 분수의 덧셈을 하시오.

(1) $2\dfrac{4}{9} + 1\dfrac{1}{9} =$

(2) $5\dfrac{2}{5} + \dfrac{4}{5} =$

(3) $2\dfrac{6}{11} + 1\dfrac{8}{11} =$

(4) $\dfrac{14}{17} + \dfrac{5}{17} =$

(5) $\dfrac{5}{12} + 3\dfrac{6}{12} =$

(6) $3\dfrac{6}{8} + 2\dfrac{3}{8} =$

(7) $\dfrac{11}{12} + \dfrac{1}{12} =$

(8) $2\dfrac{7}{11} + \dfrac{5}{11} =$

(9) $4\dfrac{7}{10} + \dfrac{3}{10} =$

(10) $1\dfrac{3}{6} + 1\dfrac{4}{6} =$

(11) $\dfrac{6}{7} + \dfrac{6}{7} =$

(12) $\dfrac{3}{16} + 3\dfrac{6}{16} =$

(13) $1\dfrac{6}{9} + 5\dfrac{4}{9} =$

(14) $\dfrac{2}{13} + \dfrac{5}{13} =$

(15) $1\dfrac{8}{15} + \dfrac{8}{15} =$

**MF02** 분수의 덧셈 (2)

● 분수의 덧셈을 하시오.

(1) $\dfrac{2}{9} + \dfrac{3}{9} =$

(2) $1\dfrac{5}{8} + 3\dfrac{4}{8} =$

(3) $\dfrac{9}{14} + 2\dfrac{2}{14} =$

(4) $3\dfrac{8}{9} + 1\dfrac{8}{9} =$

(5) $1\dfrac{8}{10} + 2\dfrac{3}{10} =$

(6) $\dfrac{12}{16} + \dfrac{9}{16} =$

(7) $3\dfrac{8}{13} + \dfrac{5}{13} =$

(8)  $2\dfrac{3}{7} + 3\dfrac{6}{7} =$

(9)  $\dfrac{7}{10} + \dfrac{6}{10} =$

(10)  $\dfrac{3}{16} + 1\dfrac{10}{16} =$

(11)  $2\dfrac{10}{12} + \dfrac{7}{12} =$

(12)  $2\dfrac{3}{11} + 1\dfrac{5}{11} =$

(13)  $\dfrac{7}{18} + 1\dfrac{12}{18} =$

(14)  $3\dfrac{2}{15} + 2\dfrac{14}{15} =$

(15)  $\dfrac{12}{17} + \dfrac{9}{17} =$

**MF02** 분수의 덧셈 (2)

● 분수의 덧셈을 하시오.

(1) $\dfrac{2}{9} + \dfrac{2}{9} =$

(2) $1\dfrac{1}{6} + 1\dfrac{5}{6} =$

(3) $\dfrac{4}{8} + 2\dfrac{5}{8} =$

(4) $3\dfrac{5}{7} + 2\dfrac{6}{7} =$

(5) $\dfrac{14}{16} + \dfrac{13}{16} =$

(6) $2\dfrac{1}{10} + 4\dfrac{6}{10} =$

(7) $2\dfrac{12}{13} + \dfrac{2}{13} =$

(8) $3\dfrac{5}{9} + 2\dfrac{8}{9} =$

(9) $2\dfrac{7}{11} + 4\dfrac{4}{11} =$

(10) $\dfrac{11}{12} + \dfrac{2}{12} =$

(11) $5\dfrac{3}{13} + \dfrac{8}{13} =$

(12) $1\dfrac{10}{15} + 3\dfrac{9}{15} =$

(13) $\dfrac{13}{17} + 2\dfrac{5}{17} =$

(14) $\dfrac{6}{14} + \dfrac{11}{14} =$

(15) $1\dfrac{9}{18} + 4\dfrac{8}{18} =$

**MF02** 분수의 덧셈 (2)

● 분수의 덧셈을 하시오.

(1) $\dfrac{2}{4} + \dfrac{3}{4} =$

(2) $\dfrac{4}{11} + \dfrac{5}{11} =$

(3) $3\dfrac{4}{5} + \dfrac{4}{5} =$

(4) $1\dfrac{6}{7} + 2\dfrac{3}{7} =$

(5) $\dfrac{6}{13} + 1\dfrac{5}{13} =$

(6) $\dfrac{12}{20} + \dfrac{9}{20} =$

(7) $3\dfrac{6}{9} + 1\dfrac{5}{9} =$

(8) $\dfrac{9}{14} + \dfrac{10}{14} =$

(9) $\dfrac{4}{13} + 1\dfrac{6}{13} =$

(10) $2\dfrac{8}{9} + 3\dfrac{6}{9} =$

(11) $1\dfrac{9}{15} + 2\dfrac{14}{15} =$

(12) $4\dfrac{3}{8} + 2\dfrac{6}{8} =$

(13) $3\dfrac{2}{10} + 1\dfrac{8}{10} =$

(14) $5\dfrac{3}{12} + \dfrac{4}{12} =$

(15) $\dfrac{13}{17} + \dfrac{12}{17} =$

**MF02** 분수의 덧셈 (2)

● 분수의 덧셈을 하시오.

(1) $4\dfrac{7}{9} + 1\dfrac{6}{9} =$

(2) $\dfrac{2}{15} + 1\dfrac{5}{15} =$

(3) $\dfrac{10}{12} + \dfrac{3}{12} =$

(4) $1\dfrac{4}{11} + 2\dfrac{10}{11} =$

(5) $3\dfrac{6}{8} + 2\dfrac{5}{8} =$

(6) $\dfrac{13}{16} + \dfrac{8}{16} =$

(7) $2\dfrac{6}{18} + \dfrac{5}{18} =$

(8) $4\dfrac{12}{17} + 3 =$

(9) $2\dfrac{15}{19} + 1\dfrac{5}{19} =$

(10) $\dfrac{1}{14} + 2\dfrac{13}{14} =$

(11) $\dfrac{4}{10} + \dfrac{9}{10} =$

(12) $3\dfrac{2}{13} + 2\dfrac{8}{13} =$

(13) $1\dfrac{6}{10} + 3\dfrac{5}{10} =$

(14) $\dfrac{9}{13} + \dfrac{6}{13} =$

(15) $1\dfrac{12}{15} + \dfrac{11}{15} =$

● 분수의 덧셈을 하시오.

(1) $\dfrac{8}{14} + \dfrac{3}{14} =$

(2) $3\dfrac{9}{11} + 1\dfrac{6}{11} =$

(3) $1\dfrac{9}{16} + 1\dfrac{4}{16} =$

(4) $2\dfrac{2}{10} + 3\dfrac{9}{10} =$

(5) $\dfrac{17}{18} + 2\dfrac{1}{18} =$

(6) $3\dfrac{4}{17} + \dfrac{16}{17} =$

(7) $\dfrac{16}{20} + \dfrac{5}{20} =$

(8) $2\dfrac{6}{13} + \dfrac{8}{13} =$

(9) $1\dfrac{7}{21} + 4\dfrac{3}{21} =$

(10) $\dfrac{10}{16} + \dfrac{11}{16} =$

(11) $2\dfrac{8}{17} + 3\dfrac{9}{17} =$

(12) $\dfrac{7}{15} + \dfrac{10}{15} =$

(13) $2\dfrac{10}{12} + 2\dfrac{9}{12} =$

(14) $\dfrac{12}{19} + 2\dfrac{8}{19} =$

(15) $3\dfrac{4}{20} + 1\dfrac{9}{20} =$

**MF02** 분수의 덧셈 (2)

● 분수의 덧셈을 하시오.

(1) $\dfrac{8}{9} + \dfrac{3}{9} =$

(2) $\dfrac{10}{13} + 5\dfrac{6}{13} =$

(3) $2\dfrac{3}{11} + 3\dfrac{7}{11} =$

(4) $2\dfrac{9}{10} + 2\dfrac{1}{10} =$

(5) $4\dfrac{5}{13} + \dfrac{6}{13} =$

(6) $1\dfrac{5}{14} + 1\dfrac{10}{14} =$

(7) $\dfrac{17}{20} + \dfrac{4}{20} =$

(8) $\dfrac{8}{19} + 2\dfrac{13}{19} =$

(9) $\dfrac{14}{21} + \dfrac{11}{21} =$

(10) $2\dfrac{6}{15} + 3\dfrac{7}{15} =$

(11) $4\dfrac{4}{12} + \dfrac{9}{12} =$

(12) $\dfrac{16}{17} + \dfrac{9}{17} =$

(13) $1\dfrac{13}{18} + 4\dfrac{4}{18} =$

(14) $5\dfrac{5}{16} + 1\dfrac{12}{16} =$

(15) $1\dfrac{11}{14} + 2\dfrac{8}{14} =$

● 분수의 덧셈을 하시오.

(1) $\dfrac{10}{20} + \dfrac{7}{20} =$

(2) $2\dfrac{14}{17} + \dfrac{8}{17} =$

(3) $3\dfrac{11}{13} + 1\dfrac{10}{13} =$

(4) $2\dfrac{8}{11} + 1\dfrac{5}{11} =$

(5) $\dfrac{2}{18} + \dfrac{17}{18} =$

(6) $2\dfrac{7}{12} + 3\dfrac{6}{12} =$

(7) $\dfrac{7}{16} + 3\dfrac{8}{16} =$

(8) $\dfrac{8}{15} + \dfrac{7}{15} =$

(9) $3\dfrac{2}{7} + 3\dfrac{6}{7} =$

(10) $1\dfrac{11}{19} + 2\dfrac{15}{19} =$

(11) $2\dfrac{16}{18} + 1\dfrac{7}{18} =$

(12) $4\dfrac{2}{13} + \dfrac{5}{13} =$

(13) $2\dfrac{2}{15} + 2\dfrac{6}{15} =$

(14) $\dfrac{10}{14} + 2\dfrac{7}{14} =$

(15) $\dfrac{13}{21} + \dfrac{9}{21} =$

**MF02** 분수의 덧셈 (2)

● □ 안에 알맞은 분수를 쓰시오.

(1) $\dfrac{3}{5} + \boxed{\dfrac{1}{5}} = \dfrac{4}{5}$

(2) $\dfrac{4}{7} + \boxed{\phantom{x}} = \dfrac{6}{7}$

(3) $\dfrac{2}{6} + \boxed{\phantom{x}} = \dfrac{3}{6}$

(4) $\dfrac{2}{8} + \boxed{\phantom{x}} = \dfrac{5}{8}$

(5) $\dfrac{3}{9} + \boxed{\phantom{x}} = \dfrac{7}{9}$

(6) $\dfrac{2}{10} + \boxed{\phantom{x}} = \dfrac{9}{10}$

(7) $\dfrac{7}{10} + \boxed{\phantom{x}} = 1$

(8) $\dfrac{3}{11} + \boxed{\phantom{0}} = \dfrac{10}{11}$

(9) $\dfrac{4}{7} + \boxed{\phantom{0}} = 1$

(10) $\dfrac{4}{14} + \boxed{\phantom{0}} = \dfrac{7}{14}$

(11) $\dfrac{4}{12} + \boxed{\phantom{0}} = \dfrac{11}{12}$

(12) $\dfrac{6}{15} + \boxed{\phantom{0}} = \dfrac{10}{15}$

(13) $\dfrac{7}{12} + \boxed{\phantom{0}} = 1$

(14) $\dfrac{6}{17} + \boxed{\phantom{0}} = \dfrac{9}{17}$

(15) $\dfrac{4}{13} + \boxed{\phantom{0}} = \dfrac{8}{13}$

**MF02** 분수의 덧셈 (2)

● □ 안에 알맞은 분수를 쓰시오.

(1) $\dfrac{2}{7} + \boxed{\phantom{0}} = \dfrac{5}{7}$

(2) $2\dfrac{1}{5} + \boxed{\phantom{0}} = 2\dfrac{4}{5}$

(3) $\dfrac{2}{8} + \boxed{\phantom{0}} = 1\dfrac{5}{8}$

(4) $\dfrac{11}{16} + \boxed{\phantom{0}} = 1$

(5) $3\dfrac{2}{10} + \boxed{\phantom{0}} = 3\dfrac{9}{10}$

(6) $2\dfrac{3}{9} + \boxed{\phantom{0}} = 4\dfrac{5}{9}$

(7) $1\dfrac{7}{15} + \boxed{\phantom{0}} = 2\dfrac{8}{15}$

(8) $\dfrac{4}{10} + \boxed{\phantom{x}} = 2\dfrac{7}{10}$

(9) $1\dfrac{9}{13} + \boxed{\phantom{x}} = 2$

(10) $2\dfrac{4}{7} + \boxed{\phantom{x}} = 3\dfrac{5}{7}$

(11) $1\dfrac{6}{11} + \boxed{\phantom{x}} = 1\dfrac{9}{11}$

(12) $3\dfrac{1}{2} + \boxed{\phantom{x}} = 5$

(13) $\dfrac{6}{14} + \boxed{\phantom{x}} = \dfrac{9}{14}$

(14) $2\dfrac{1}{4} + \boxed{\phantom{x}} = 4$

(15) $3\dfrac{6}{17} + \boxed{\phantom{x}} = 3\dfrac{10}{17}$

# 분수의 뺄셈 (1)

3주차

| 요일 | 교재 번호 | 학습한 날짜 | | 확인 |
|---|---|---|---|---|
| 1일차(월) | 01~08 | 월 | 일 | |
| 2일차(화) | 09~16 | 월 | 일 | |
| 3일차(수) | 17~24 | 월 | 일 | |
| 4일차(목) | 25~32 | 월 | 일 | |
| 5일차(금) | 33~40 | 월 | 일 | |

● 분수의 덧셈을 하시오.

(1) $\dfrac{6}{7} + \dfrac{2}{7} =$

(2) $\dfrac{11}{12} + \dfrac{6}{12} =$

(3) $\dfrac{6}{9} + \dfrac{5}{9} =$

(4) $\dfrac{11}{13} + \dfrac{5}{13} =$

(5) $2\dfrac{4}{9} + \dfrac{3}{9} =$

(6) $\dfrac{8}{10} + 1\dfrac{3}{10} =$

(7) $1\dfrac{5}{13} + 3\dfrac{8}{13} =$

(8) $\dfrac{7}{10} + 2\dfrac{6}{10} =$

(9) $2\dfrac{2}{15} + 2\dfrac{11}{15} =$

(10) $2\dfrac{5}{17} + 3\dfrac{15}{17} =$

(11) $5\dfrac{9}{11} + 1\dfrac{4}{11} =$

(12) $1\dfrac{3}{14} + 3\dfrac{8}{14} =$

(13) $2\dfrac{2}{12} + 1\dfrac{9}{12} =$

(14) $1\dfrac{9}{18} + 4\dfrac{16}{18} =$

(15) $1\dfrac{11}{16} + 2\dfrac{8}{16} =$

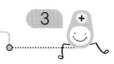
● |보기|와 같이 분수의 뺄셈을 하시오.

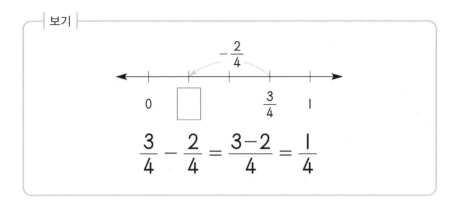

$$\frac{3}{4} - \frac{2}{4} = \frac{3-2}{4} = \frac{1}{4}$$

(1) $\dfrac{4}{5} - \dfrac{2}{5} = \dfrac{\boxed{4} - \boxed{\phantom{0}}}{5} = \boxed{\phantom{0}}$

(2) $\dfrac{3}{7} - \dfrac{1}{7} = \dfrac{\boxed{\phantom{0}} - \boxed{\phantom{0}}}{7} = \boxed{\phantom{0}}$

(3) $\dfrac{6}{8} - \dfrac{3}{8} = \dfrac{\boxed{\phantom{0}} - \boxed{\phantom{0}}}{8} = \boxed{\phantom{0}}$

(4) $\dfrac{7}{10} - \dfrac{4}{10} = \dfrac{\boxed{\phantom{0}} - \boxed{\phantom{0}}}{10} = \boxed{\phantom{0}}$

(5) $\dfrac{4}{6} - \dfrac{3}{6} = \dfrac{\boxed{\phantom{0}} - \boxed{\phantom{0}}}{6} = \boxed{\phantom{0}}$

Talk 분모가 같은 진분수의 뺄셈은 분모는 그대로 두고 분자끼리 뺍니다.

(6) $\dfrac{5}{7} - \dfrac{2}{7} = \dfrac{\boxed{\phantom{0}} - \boxed{\phantom{0}}}{7} = \boxed{\phantom{0}}$

(7) $\dfrac{7}{9} - \dfrac{3}{9} = \dfrac{\boxed{\phantom{0}} - \boxed{\phantom{0}}}{9} = \boxed{\phantom{0}}$

(8) $\dfrac{9}{11} - \dfrac{2}{11} = \dfrac{\boxed{\phantom{0}} - \boxed{\phantom{0}}}{11} = \boxed{\phantom{0}}$

(9) $\dfrac{9}{10} - \dfrac{6}{10} = \dfrac{\boxed{\phantom{0}} - \boxed{\phantom{0}}}{10} = \boxed{\phantom{0}}$

(10) $\dfrac{8}{16} - \dfrac{5}{16} = \dfrac{\boxed{\phantom{0}} - \boxed{\phantom{0}}}{16} = \boxed{\phantom{0}}$

(11) $\dfrac{11}{12} - \dfrac{4}{12} = \dfrac{\boxed{\phantom{0}} - \boxed{\phantom{0}}}{12} = \boxed{\phantom{0}}$

(12) $\dfrac{10}{15} - \dfrac{3}{15} = \dfrac{\boxed{\phantom{0}} - \boxed{\phantom{0}}}{15} = \boxed{\phantom{0}}$

(13) $\dfrac{12}{13} - \dfrac{4}{13} = \dfrac{\boxed{\phantom{0}} - \boxed{\phantom{0}}}{13} = \boxed{\phantom{0}}$

● 분수의 뺄셈을 하시오.

(1) $\dfrac{2}{3} - \dfrac{1}{3} = \dfrac{\boxed{\phantom{0}} - \boxed{\phantom{0}}}{3} = \boxed{\phantom{00}}$

(2) $\dfrac{4}{7} - \dfrac{3}{7} =$

(3) $\dfrac{7}{8} - \dfrac{4}{8} =$

(4) $\dfrac{6}{9} - \dfrac{1}{9} =$

(5) $\dfrac{8}{10} - \dfrac{5}{10} =$

(6) $\dfrac{9}{12} - \dfrac{4}{12} =$

(7) $\dfrac{12}{14} - \dfrac{7}{14} =$

(8) $\dfrac{2}{4} - \dfrac{1}{4} =$

(9) $\dfrac{4}{5} - \dfrac{1}{5} =$

(10) $\dfrac{5}{8} - \dfrac{4}{8} =$

(11) $\dfrac{8}{9} - \dfrac{4}{9} =$

(12) $\dfrac{8}{13} - \dfrac{2}{13} =$

(13) $\dfrac{6}{11} - \dfrac{4}{11} =$

(14) $\dfrac{9}{14} - \dfrac{4}{14} =$

(15) $\dfrac{12}{15} - \dfrac{5}{15} =$

● 분수의 뺄셈을 하시오.

(1) $\dfrac{4}{5} - \dfrac{3}{5} =$

(2) $\dfrac{7}{8} - \dfrac{2}{8} =$

(3) $\dfrac{6}{10} - \dfrac{3}{10} =$

(4) $\dfrac{8}{11} - \dfrac{5}{11} =$

(5) $\dfrac{7}{13} - \dfrac{5}{13} =$

(6) $\dfrac{10}{12} - \dfrac{9}{12} =$

(7) $\dfrac{10}{16} - \dfrac{5}{16} =$

(8) $\dfrac{6}{7} - \dfrac{4}{7} =$

(9) $\dfrac{3}{9} - \dfrac{1}{9} =$

(10) $\dfrac{11}{17} - \dfrac{5}{17} =$

(11) $\dfrac{9}{10} - \dfrac{6}{10} =$

(12) $\dfrac{9}{14} - \dfrac{8}{14} =$

(13) $\dfrac{13}{15} - \dfrac{6}{15} =$

(14) $\dfrac{8}{13} - \dfrac{5}{13} =$

(15) $\dfrac{16}{17} - \dfrac{12}{17} =$

● 분수의 뺄셈을 하시오.

(1) $\dfrac{3}{6} - \dfrac{2}{6} =$

(2) $\dfrac{3}{8} - \dfrac{2}{8} =$

(3) $\dfrac{5}{9} - \dfrac{3}{9} =$

(4) $\dfrac{10}{11} - \dfrac{6}{11} =$

(5) $\dfrac{6}{14} - \dfrac{3}{14} =$

(6) $\dfrac{9}{12} - \dfrac{2}{12} =$

(7) $\dfrac{9}{15} - \dfrac{5}{15} =$

(8) $\dfrac{6}{9} - \dfrac{5}{9} =$

(9) $\dfrac{5}{8} - \dfrac{2}{8} =$

(10) $\dfrac{7}{11} - \dfrac{1}{11} =$

(11) $\dfrac{6}{10} - \dfrac{5}{10} =$

(12) $\dfrac{9}{13} - \dfrac{5}{13} =$

(13) $\dfrac{11}{14} - \dfrac{6}{14} =$

(14) $\dfrac{13}{16} - \dfrac{4}{16} =$

(15) $\dfrac{10}{17} - \dfrac{5}{17} =$

**MF03** 분수의 뺄셈 (1)

● |보기|와 같이 분수의 뺄셈을 하시오.

---
**보기**

$$4\frac{5}{8} - 1\frac{2}{8} = (4-1) + (\frac{5}{8} - \frac{2}{8})$$

$$= 3 + \frac{3}{8} = 3\frac{3}{8}$$

---

(1) $4\frac{2}{3} - 2\frac{1}{3} = (\boxed{\phantom{x}} - 2) + (\frac{\boxed{\phantom{x}}}{3} - \frac{1}{3})$

$$= \boxed{\phantom{x}} + \frac{\boxed{\phantom{x}}}{3} = \boxed{\phantom{x}}$$

(2) $3\frac{4}{5} - \frac{1}{5} = \boxed{\phantom{x}} + (\frac{\boxed{\phantom{x}}}{5} - \frac{1}{5})$

$$= \boxed{\phantom{x}} + \frac{\boxed{\phantom{x}}}{5} = \boxed{\phantom{x}}$$

(3) $6\frac{5}{7} - 2\frac{2}{7} = (\boxed{\phantom{x}} - 2) + (\frac{\boxed{\phantom{x}}}{7} - \frac{2}{7})$

$$= \boxed{\phantom{x}} + \frac{\boxed{\phantom{x}}}{7} = \boxed{\phantom{x}}$$

(4) $3 - 1\dfrac{1}{6} = 2\dfrac{6}{6} - 1\dfrac{1}{6}$

$\qquad = (\square - 1) + (\dfrac{\square}{6} - \dfrac{1}{6})$

$\qquad = \square + \dfrac{\square}{6} = \square$

(5) $2\dfrac{7}{8} - 1\dfrac{2}{8} = (\square - 1) + (\dfrac{\square}{8} - \dfrac{2}{8})$

$\qquad\qquad = \square + \dfrac{\square}{8} = \square$

(6) $4\dfrac{8}{9} - 3\dfrac{6}{9} = (\square - 3) + (\dfrac{\square}{9} - \dfrac{6}{9})$

$\qquad\qquad = \square + \dfrac{\square}{9} = \square$

(7) $4\dfrac{7}{11} - 2\dfrac{4}{11} = (\square - 2) + (\dfrac{\square}{11} - \dfrac{4}{11})$

$\qquad\qquad = \square + \dfrac{\square}{11} = \square$

**MF03** 분수의 뺄셈 (1)

● 분수의 뺄셈을 하시오.

(1) $3\dfrac{4}{5} - 1\dfrac{2}{5} = (\boxed{\phantom{0}} - 1) + (\dfrac{\boxed{\phantom{0}}}{5} - \dfrac{2}{5})$

$\qquad\qquad = \boxed{\phantom{0}} + \dfrac{\boxed{\phantom{0}}}{5} = \boxed{\phantom{0}}$

(2) $2\dfrac{3}{4} - 1\dfrac{2}{4} =$

(3) $4\dfrac{3}{5} - 2\dfrac{1}{5} =$

(4) $2 - \dfrac{1}{4} =$

(5) $3\dfrac{5}{8} - 1\dfrac{2}{8} =$

(6) $5\dfrac{4}{7} - 3\dfrac{3}{7} =$

(7) $3\dfrac{5}{6} - \dfrac{4}{6} =$

(8) $5\dfrac{7}{9} - 1\dfrac{3}{9} =$

(9) $1 - \dfrac{10}{13} =$

(10) $3\dfrac{9}{11} - 1\dfrac{5}{11} =$

(11) $1\dfrac{5}{12} - \dfrac{4}{12} =$

(12) $5\dfrac{7}{10} - 3\dfrac{4}{10} =$

(13) $2\dfrac{10}{15} - 1\dfrac{2}{15} =$

(14) $3\dfrac{8}{16} - \dfrac{3}{16} =$

**MF03** 분수의 뺄셈 (1)

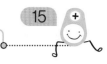

● 분수의 뺄셈을 하시오.

(1) $3\dfrac{4}{5} - 1\dfrac{2}{5} =$

(2) $2\dfrac{4}{8} - 2\dfrac{1}{8} =$

(3) $4\dfrac{5}{7} - \dfrac{3}{7} =$

(4) $3\dfrac{2}{6} - 2\dfrac{1}{6} =$

(5) $2 - \dfrac{4}{9} =$

(6) $3\dfrac{11}{12} - \dfrac{4}{12} =$

(7) $5\dfrac{4}{11} - 2\dfrac{2}{11} =$

(8) $5\dfrac{5}{7} - 3\dfrac{4}{7} =$

(9) $4\dfrac{4}{9} - \dfrac{2}{9} =$

(10) $4 - 2\dfrac{3}{10} =$

(11) $3\dfrac{6}{11} - 1\dfrac{2}{11} =$

(12) $6\dfrac{7}{13} - 4\dfrac{2}{13} =$

(13) $1\dfrac{8}{17} - 1\dfrac{6}{17} =$

(14) $2\dfrac{9}{15} - \dfrac{2}{15} =$

(15) $2\dfrac{15}{18} - 1\dfrac{10}{18} =$

**MF03** 분수의 뺄셈 (1)

● 분수의 뺄셈을 하시오.

(1) $5\dfrac{2}{3} - 2\dfrac{1}{3} =$

(2) $4\dfrac{3}{5} - 1\dfrac{2}{5} =$

(3) $2\dfrac{4}{9} - \dfrac{3}{9} =$

(4) $1 - \dfrac{2}{7} =$

(5) $2\dfrac{6}{8} - 1\dfrac{1}{8} =$

(6) $2\dfrac{7}{11} - 1\dfrac{2}{11} =$

(7) $1\dfrac{8}{10} - \dfrac{5}{10} =$

(8) $5\dfrac{7}{8} - 1\dfrac{6}{8} =$

(9) $2\dfrac{9}{16} - \dfrac{4}{16} =$

(10) $3\dfrac{9}{11} - 2\dfrac{1}{11} =$

(11) $4\dfrac{5}{9} - 2\dfrac{1}{9} =$

(12) $2 - 1\dfrac{11}{12} =$

(13) $5\dfrac{5}{7} - 3\dfrac{4}{7} =$

(14) $2\dfrac{12}{17} - \dfrac{4}{17} =$

(15) $3\dfrac{7}{20} - 1\dfrac{4}{20} =$

**MF03** 분수의 뺄셈 (1)

● 분수의 뺄셈을 하시오.

(1) $5\dfrac{2}{4} - 3\dfrac{1}{4} =$

(2) $3\dfrac{6}{8} - \dfrac{1}{8} =$

(3) $4\dfrac{2}{5} - 3\dfrac{1}{5} =$

(4) $4\dfrac{5}{7} - 1\dfrac{1}{7} =$

(5) $3 - 1\dfrac{5}{8} =$

(6) $4\dfrac{6}{9} - 2\dfrac{4}{9} =$

(7) $2\dfrac{8}{11} - \dfrac{2}{11} =$

(8) $5\dfrac{5}{9} - 4\dfrac{3}{9} =$

(9) $2\dfrac{4}{10} - \dfrac{1}{10} =$

(10) $4\dfrac{2}{8} - 3\dfrac{1}{8} =$

(11) $5 - 2\dfrac{5}{6} =$

(12) $3\dfrac{4}{7} - 1\dfrac{2}{7} =$

(13) $2\dfrac{12}{14} - 2\dfrac{3}{14} =$

(14) $2\dfrac{8}{13} - \dfrac{3}{13} =$

(15) $3\dfrac{7}{11} - 2\dfrac{3}{11} =$

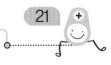

**MF03** 분수의 뺄셈 (1)

● 분수의 뺄셈을 하시오.

(1) $5\dfrac{2}{5} - 3\dfrac{1}{5} =$

(2) $5\dfrac{6}{7} - \dfrac{5}{7} =$

(3) $3\dfrac{7}{9} - 2\dfrac{5}{9} =$

(4) $6\dfrac{4}{8} - 4\dfrac{3}{8} =$

(5) $2\dfrac{2}{10} - \dfrac{1}{10} =$

(6) $4\dfrac{8}{11} - 2\dfrac{3}{11} =$

(7) $3 - 1\dfrac{2}{5} =$

(8) $2\dfrac{9}{10} - 2\dfrac{8}{10} =$

(9) $3\dfrac{6}{12} - 1\dfrac{1}{12} =$

(10) $4\dfrac{7}{11} - \dfrac{5}{11} =$

(11) $6\dfrac{11}{13} - 3\dfrac{5}{13} =$

(12) $2\dfrac{11}{15} - \dfrac{4}{15} =$

(13) $5\dfrac{13}{18} - 2\dfrac{6}{18} =$

(14) $1 - \dfrac{6}{11} =$

(15) $5\dfrac{16}{19} - 3\dfrac{7}{19} =$

23

● 분수의 뺄셈을 하시오.

(1) $7\dfrac{6}{7} - 4\dfrac{2}{7} =$

(2) $2\dfrac{6}{8} - \dfrac{5}{8} =$

(3) $4\dfrac{3}{9} - 2\dfrac{1}{9} =$

(4) $5\dfrac{8}{11} - 4\dfrac{3}{11} =$

(5) $4 - 2\dfrac{1}{3} =$

(6) $4\dfrac{13}{14} - 2\dfrac{4}{14} =$

(7) $5\dfrac{11}{13} - \dfrac{3}{13} =$

(8) $5\dfrac{8}{11} - 3\dfrac{3}{11} =$

(9) $3\dfrac{6}{9} - \dfrac{2}{9} =$

(10) $5\dfrac{9}{13} - 2\dfrac{4}{13} =$

(11) $4\dfrac{6}{8} - 4\dfrac{1}{8} =$

(12) $2\dfrac{7}{14} - 1\dfrac{4}{14} =$

(13) $3 - \dfrac{1}{2} =$

(14) $4\dfrac{15}{16} - 1\dfrac{8}{16} =$

(15) $3\dfrac{9}{18} - \dfrac{4}{18} =$

**MF03** 분수의 뺄셈 (1)

25

● 분수의 뺄셈을 하시오.

(1) $5\dfrac{6}{7} - 2\dfrac{3}{7} =$

(2) $3\dfrac{6}{8} - 1\dfrac{1}{8} =$

(3) $2\dfrac{4}{10} - \dfrac{3}{10} =$

(4) $4\dfrac{6}{15} - 3\dfrac{4}{15} =$

(5) $4\dfrac{9}{11} - 2\dfrac{2}{11} =$

(6) $3 - 1\dfrac{2}{9} =$

(7) $2\dfrac{10}{13} - \dfrac{2}{13} =$

(8) $1\dfrac{9}{16} - \dfrac{4}{16} =$

(9) $2\dfrac{9}{10} - 1\dfrac{2}{10} =$

(10) $4\dfrac{11}{13} - 3\dfrac{2}{13} =$

(11) $3 - 1\dfrac{6}{7} =$

(12) $1\dfrac{11}{14} - \dfrac{2}{14} =$

(13) $3\dfrac{14}{15} - 2\dfrac{3}{15} =$

(14) $5\dfrac{5}{13} - 2\dfrac{3}{13} =$

(15) $6\dfrac{9}{17} - 4\dfrac{6}{17} =$

**MF03** 분수의 뺄셈 (1)

● |보기|와 같이 자연수는 자연수끼리, 분수는 분수끼리 분수의 뺄셈을 하시오.

---
| 보기 |

$$4\frac{1}{3} - 2\frac{2}{3} = 3\frac{4}{3} - 2\frac{2}{3} = (3-2) + \left(\frac{4}{3} - \frac{2}{3}\right)$$

$$= 1 + \frac{2}{3} = 1\frac{2}{3}$$

---

(1) $3\dfrac{1}{4} - 2\dfrac{2}{4} = \boxed{\phantom{0}} - 2\dfrac{2}{4}$

$$= \left(\boxed{\phantom{0}} - 2\right) + \left(\frac{\boxed{\phantom{0}}}{4} - \frac{2}{4}\right) = \boxed{\phantom{0}}$$

(2) $2\dfrac{1}{7} - \dfrac{4}{7} = \boxed{\phantom{0}} - \dfrac{4}{7}$

$$= \boxed{\phantom{0}} + \left(\frac{\boxed{\phantom{0}}}{7} - \frac{4}{7}\right) = \boxed{\phantom{0}}$$

(3) $5\dfrac{2}{5} - 2\dfrac{3}{5} = \boxed{\phantom{0}} - 2\dfrac{3}{5}$

$$= \left(\boxed{\phantom{0}} - 2\right) + \left(\frac{\boxed{\phantom{0}}}{5} - \frac{3}{5}\right) = \boxed{\phantom{0}}$$

Talk 분모가 같은 대분수의 뺄셈에서 분수끼리 뺄 수 없을 경우 자연수에서 1을 가분수로 만들어 뺄셈을 합니다.

(4) $4\dfrac{1}{8} - 3\dfrac{4}{8} = \boxed{\phantom{0}} - 3\dfrac{4}{8}$

$\qquad = (\boxed{\phantom{0}} - 3) + (\dfrac{\boxed{\phantom{0}}}{8} - \dfrac{4}{8}) = \boxed{\phantom{0}}$

(5) $5\dfrac{1}{7} - 1\dfrac{2}{7} = \boxed{\phantom{0}} - 1\dfrac{2}{7}$

$\qquad = (\boxed{\phantom{0}} - 1) + (\dfrac{\boxed{\phantom{0}}}{7} - \dfrac{2}{7}) = \boxed{\phantom{0}}$

(6) $6\dfrac{4}{9} - 3\dfrac{8}{9} = \boxed{\phantom{0}} - 3\dfrac{8}{9}$

$\qquad = (\boxed{\phantom{0}} - 3) + (\dfrac{\boxed{\phantom{0}}}{9} - \dfrac{8}{9}) = \boxed{\phantom{0}}$

(7) $3\dfrac{3}{11} - \dfrac{7}{11} = \boxed{\phantom{0}} - \dfrac{7}{11}$

$\qquad = \boxed{\phantom{0}} + (\dfrac{\boxed{\phantom{0}}}{11} - \dfrac{7}{11}) = \boxed{\phantom{0}}$

**MF03** 분수의 뺄셈 (1)

● 자연수는 자연수끼리, 분수는 분수끼리 분수의 뺄셈을 하시오.

(1) $3\dfrac{1}{5} - 1\dfrac{2}{5} = \boxed{\phantom{00}} - 1\dfrac{2}{5}$

$\qquad = (\boxed{\phantom{0}} - 1) + (\dfrac{\boxed{\phantom{0}}}{5} - \dfrac{2}{5}) = \boxed{\phantom{00}}$

(2) $4\dfrac{6}{8} - 2\dfrac{7}{8} =$

(3) $3\dfrac{3}{12} - \dfrac{8}{12} =$

(4) $5\dfrac{2}{11} - 3\dfrac{4}{11} =$

(5) $6\dfrac{2}{16} - 5\dfrac{5}{16} =$

(6) $2\dfrac{5}{15} - \dfrac{7}{15} =$

(7) $3\dfrac{2}{6} - 2\dfrac{3}{6} =$

(8) $4\dfrac{4}{9} - 1\dfrac{6}{9} =$

(9) $6\dfrac{2}{13} - 4\dfrac{7}{13} =$

(10) $3\dfrac{6}{11} - \dfrac{8}{11} =$

(11) $6\dfrac{3}{19} - 3\dfrac{7}{19} =$

(12) $5\dfrac{2}{15} - 2\dfrac{9}{15} =$

(13) $5\dfrac{8}{17} - 3\dfrac{13}{17} =$

(14) $4\dfrac{5}{18} - \dfrac{10}{18} =$

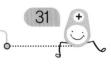

**MF03** 분수의 뺄셈 (1)

● 자연수는 자연수끼리, 분수는 분수끼리 분수의 **뺄셈**을 하시오.

(1) $2\dfrac{3}{5} - \dfrac{4}{5} =$

(2) $5\dfrac{2}{7} - 3\dfrac{5}{7} =$

(3) $4\dfrac{2}{8} - 1\dfrac{3}{8} =$

(4) $4\dfrac{6}{11} - 2\dfrac{7}{11} =$

(5) $6\dfrac{3}{13} - 2\dfrac{12}{13} =$

(6) $1\dfrac{1}{14} - \dfrac{6}{14} =$

(7) $3\dfrac{4}{16} - 1\dfrac{7}{16} =$

(8) $5\dfrac{1}{8} - 1\dfrac{2}{8} =$

(9) $6\dfrac{9}{16} - 3\dfrac{14}{16} =$

(10) $3\dfrac{4}{11} - 2\dfrac{9}{11} =$

(11) $5\dfrac{7}{15} - \dfrac{11}{15} =$

(12) $6\dfrac{5}{17} - 2\dfrac{12}{17} =$

(13) $5\dfrac{3}{13} - 4\dfrac{8}{13} =$

(14) $3\dfrac{3}{20} - \dfrac{12}{20} =$

(15) $4\dfrac{4}{19} - 2\dfrac{10}{19} =$

**MF03** 분수의 뺄셈 (1)

● 자연수는 자연수끼리, 분수는 분수끼리 분수의 **뺄셈**을 하시오.

(1) $7\dfrac{1}{3} - 5\dfrac{2}{3} =$

(2) $5\dfrac{2}{4} - 3\dfrac{3}{4} =$

(3) $3\dfrac{4}{6} - 1\dfrac{5}{6} =$

(4) $2\dfrac{2}{8} - \dfrac{7}{8} =$

(5) $4\dfrac{4}{7} - 2\dfrac{6}{7} =$

(6) $6\dfrac{1}{9} - 4\dfrac{3}{9} =$

(7) $3\dfrac{1}{10} - \dfrac{8}{10} =$

(8) $2\dfrac{6}{17} - \dfrac{14}{17} =$

(9) $3\dfrac{9}{19} - 1\dfrac{13}{19} =$

(10) $6\dfrac{1}{16} - 3\dfrac{6}{16} =$

(11) $2\dfrac{3}{20} - 1\dfrac{6}{20} =$

(12) $5\dfrac{4}{8} - 3\dfrac{5}{8} =$

(13) $3\dfrac{7}{18} - \dfrac{12}{18} =$

(14) $3\dfrac{5}{16} - 2\dfrac{8}{16} =$

(15) $5\dfrac{2}{15} - 3\dfrac{13}{15} =$

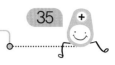

● 자연수는 자연수끼리, 분수는 분수끼리 분수의 뺄셈을 하시오.

(1) $2\dfrac{2}{7} - \dfrac{4}{7} =$

(2) $4\dfrac{5}{8} - 3\dfrac{6}{8} =$

(3) $6\dfrac{2}{9} - 4\dfrac{7}{9} =$

(4) $3\dfrac{2}{12} - 1\dfrac{7}{12} =$

(5) $6\dfrac{3}{7} - 3\dfrac{4}{7} =$

(6) $5\dfrac{6}{10} - \dfrac{9}{10} =$

(7) $5\dfrac{3}{11} - 1\dfrac{9}{11} =$

(8) $2\dfrac{2}{11} - \dfrac{3}{11} =$

(9) $4\dfrac{1}{13} - 1\dfrac{4}{13} =$

(10) $3\dfrac{2}{14} - 2\dfrac{3}{14} =$

(11) $4\dfrac{10}{12} - 3\dfrac{11}{12} =$

(12) $3\dfrac{1}{15} - 2\dfrac{8}{15} =$

(13) $5\dfrac{3}{9} - 2\dfrac{4}{9} =$

(14) $4\dfrac{3}{17} - \dfrac{15}{17} =$

(15) $5\dfrac{4}{12} - 2\dfrac{9}{12} =$

37

● 자연수는 자연수끼리, 분수는 분수끼리 분수의 뺄셈을 하시오.

(1) $4\dfrac{3}{7} - 1\dfrac{6}{7} =$

(2) $2\dfrac{3}{11} - \dfrac{6}{11} =$

(3) $3\dfrac{1}{8} - 2\dfrac{6}{8} =$

(4) $6\dfrac{8}{10} - 1\dfrac{9}{10} =$

(5) $2\dfrac{2}{9} - \dfrac{3}{9} =$

(6) $5\dfrac{8}{11} - 2\dfrac{10}{11} =$

(7) $5\dfrac{3}{16} - 4\dfrac{8}{16} =$

(8) $4\dfrac{5}{11} - 3\dfrac{9}{11} =$

(9) $3\dfrac{5}{15} - 1\dfrac{13}{15} =$

(10) $2\dfrac{5}{16} - \dfrac{10}{16} =$

(11) $5\dfrac{2}{17} - 4\dfrac{15}{17} =$

(12) $5\dfrac{1}{19} - 2\dfrac{13}{19} =$

(13) $3\dfrac{4}{12} - \dfrac{11}{12} =$

(14) $3\dfrac{2}{18} - 1\dfrac{7}{18} =$

(15) $4\dfrac{2}{12} - 1\dfrac{3}{12} =$

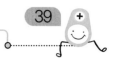

**MF03** 분수의 뺄셈 (1)

● 자연수는 자연수끼리, 분수는 분수끼리 분수의 **뺄셈**을 하시오.

(1) $2\dfrac{1}{6} - 1\dfrac{2}{6} =$

(2) $2\dfrac{4}{9} - \dfrac{5}{9} =$

(3) $3\dfrac{7}{10} - 1\dfrac{8}{10} =$

(4) $4\dfrac{7}{18} - 3\dfrac{14}{18} =$

(5) $5\dfrac{7}{13} - 3\dfrac{8}{13} =$

(6) $5\dfrac{3}{11} - 1\dfrac{10}{11} =$

(7) $4\dfrac{1}{9} - 2\dfrac{6}{9} =$

(8) $3\dfrac{2}{13} - 1\dfrac{6}{13} =$

(9) $5\dfrac{7}{20} - 3\dfrac{10}{20} =$

(10) $4\dfrac{1}{11} - 2\dfrac{5}{11} =$

(11) $2\dfrac{3}{14} - \dfrac{8}{14} =$

(12) $5\dfrac{2}{12} - 2\dfrac{7}{12} =$

(13) $3\dfrac{7}{19} - 2\dfrac{14}{19} =$

(14) $4\dfrac{4}{10} - \dfrac{5}{10} =$

(15) $2\dfrac{10}{16} - 1\dfrac{13}{16} =$

# 분수의 뺄셈 (2)

4주차

| 요일 | 교재 번호 | 학습한 날짜 | | 확인 |
|---|---|---|---|---|
| 1일차(월) | 01~08 | 월 | 일 | |
| 2일차(화) | 09~16 | 월 | 일 | |
| 3일차(수) | 17~24 | 월 | 일 | |
| 4일차(목) | 25~32 | 월 | 일 | |
| 5일차(금) | 33~40 | 월 | 일 | |

● 분수의 뺄셈을 하시오.

(1) $\dfrac{3}{7} - \dfrac{1}{7} =$

(2) $\dfrac{10}{11} - \dfrac{4}{11} =$

(3) $\dfrac{8}{14} - \dfrac{3}{14} =$

(4) $5\dfrac{2}{3} - 3\dfrac{1}{3} =$

(5) $2 - \dfrac{5}{7} =$

(6) $4\dfrac{3}{8} - 2\dfrac{2}{8} =$

(7) $5\dfrac{5}{10} - 2\dfrac{8}{10} =$

(8) $3\dfrac{2}{11} - 1\dfrac{9}{11} =$

(9) $2\dfrac{1}{9} - \dfrac{5}{9} =$

(10) $5\dfrac{9}{10} - 4\dfrac{2}{10} =$

(11) $3\dfrac{3}{15} - 1\dfrac{7}{15} =$

(12) $4\dfrac{5}{13} - \dfrac{2}{13} =$

(13) $5\dfrac{13}{20} - 4\dfrac{6}{20} =$

(14) $2\dfrac{1}{16} - \dfrac{8}{16} =$

(15) $3\dfrac{7}{17} - 1\dfrac{12}{17} =$

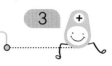

● |보기|와 같이 대분수를 가분수로 고쳐서 분수의 **뺄셈**을 하시오.

| 보기 |

$$3\frac{1}{5} - 1\frac{3}{5} = \frac{16}{5} - \frac{8}{5} = \frac{8}{5} = 1\frac{3}{5}$$

(1) $2\dfrac{1}{4} - \dfrac{2}{4} = \dfrac{\square}{4} - \dfrac{\square}{4} = \dfrac{\square}{4} = \boxed{\phantom{x}}$

(2) $4\dfrac{1}{3} - 2\dfrac{2}{3} = \dfrac{\square}{3} - \dfrac{\square}{3} = \dfrac{\square}{3} = \boxed{\phantom{x}}$

(3) $2\dfrac{1}{5} - 1\dfrac{2}{5} = \dfrac{\square}{5} - \dfrac{\square}{5} = \boxed{\phantom{x}}$

(4) $3\dfrac{1}{7} - 1\dfrac{4}{7} = \dfrac{\square}{7} - \dfrac{\square}{7} = \dfrac{\square}{7} = \boxed{\phantom{x}}$

(5) $2\dfrac{2}{9} - \dfrac{7}{9} = \dfrac{\square}{9} - \dfrac{\square}{9} = \dfrac{\square}{9} = \boxed{\phantom{x}}$

Talk  분모가 같은 대분수의 뺄셈은 대분수를 가분수로 고쳐서 계산할 수 있습니다.

(6) $3\dfrac{2}{7} - 1\dfrac{5}{7} = \dfrac{\boxed{\phantom{0}}}{7} - \dfrac{\boxed{\phantom{0}}}{7} = \dfrac{\boxed{\phantom{0}}}{7} = \boxed{\phantom{0}}$

(7) $2\dfrac{2}{6} - 1\dfrac{3}{6} = \dfrac{\boxed{\phantom{0}}}{6} - \dfrac{\boxed{\phantom{0}}}{6} = \boxed{\phantom{0}}$

(8) $3\dfrac{1}{8} - \dfrac{4}{8} = \dfrac{\boxed{\phantom{0}}}{8} - \dfrac{\boxed{\phantom{0}}}{8} = \dfrac{\boxed{\phantom{0}}}{8} = \boxed{\phantom{0}}$

(9) $4\dfrac{1}{9} - 2\dfrac{2}{9} = \dfrac{\boxed{\phantom{0}}}{9} - \dfrac{\boxed{\phantom{0}}}{9} = \dfrac{\boxed{\phantom{0}}}{9} = \boxed{\phantom{0}}$

(10) $3\dfrac{2}{5} - 2\dfrac{4}{5} = \dfrac{\boxed{\phantom{0}}}{5} - \dfrac{\boxed{\phantom{0}}}{5} = \boxed{\phantom{0}}$

(11) $2\dfrac{5}{11} - 1\dfrac{10}{11} = \dfrac{\boxed{\phantom{0}}}{11} - \dfrac{\boxed{\phantom{0}}}{11} = \boxed{\phantom{0}}$

(12) $3\dfrac{6}{10} - 1\dfrac{7}{10} = \dfrac{\boxed{\phantom{0}}}{10} - \dfrac{\boxed{\phantom{0}}}{10} = \dfrac{\boxed{\phantom{0}}}{10} = \boxed{\phantom{0}}$

(13) $2\dfrac{1}{12} - \dfrac{6}{12} = \dfrac{\boxed{\phantom{0}}}{12} - \dfrac{\boxed{\phantom{0}}}{12} = \dfrac{\boxed{\phantom{0}}}{12} = \boxed{\phantom{0}}$

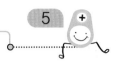

● 대분수를 가분수로 고쳐서 분수의 뺄셈을 하시오.

(1) $2\dfrac{2}{4} - 1\dfrac{3}{4} = \dfrac{\boxed{\phantom{0}}}{4} - \dfrac{\boxed{\phantom{0}}}{4} = \dfrac{\boxed{\phantom{0}}}{4}$

(2) $4\dfrac{2}{5} - 3\dfrac{3}{5} =$

(3) $1\dfrac{2}{7} - \dfrac{6}{7} =$

(4) $2\dfrac{3}{8} - \dfrac{6}{8} =$

(5) $5\dfrac{1}{7} - 2\dfrac{5}{7} =$

(6) $3\dfrac{2}{9} - 1\dfrac{6}{9} =$

(7) $2\dfrac{6}{11} - \dfrac{9}{11} =$

(8) $4\dfrac{3}{6} - 3\dfrac{4}{6} =$

(9) $3\dfrac{1}{9} - 1\dfrac{2}{9} =$

(10) $1\dfrac{7}{15} - \dfrac{14}{15} =$

(11) $4\dfrac{1}{10} - 2\dfrac{8}{10} =$

(12) $2\dfrac{7}{12} - 1\dfrac{8}{12} =$

(13) $1\dfrac{5}{13} - \dfrac{10}{13} =$

(14) $3\dfrac{6}{11} - 1\dfrac{10}{11} =$

(15) $2\dfrac{6}{14} - 1\dfrac{7}{14} =$

● 대분수를 가분수로 고쳐서 분수의 **뺄셈**을 하시오.

(1) $3\dfrac{1}{5} - 2\dfrac{4}{5} =$

(2) $2\dfrac{3}{7} - \dfrac{4}{7} =$

(3) $3\dfrac{3}{8} - 1\dfrac{4}{8} =$

(4) $5\dfrac{4}{6} - 2\dfrac{5}{6} =$

(5) $4\dfrac{2}{9} - 3\dfrac{4}{9} =$

(6) $3\dfrac{2}{10} - \dfrac{5}{10} =$

(7) $2\dfrac{2}{11} - 1\dfrac{7}{11} =$

(8) $3\dfrac{2}{7} - 1\dfrac{5}{7} =$

(9) $5\dfrac{4}{8} - 3\dfrac{7}{8} =$

(10) $4\dfrac{1}{11} - 2\dfrac{3}{11} =$

(11) $5\dfrac{1}{10} - 3\dfrac{2}{10} =$

(12) $4\dfrac{6}{12} - 2\dfrac{11}{12} =$

(13) $1\dfrac{7}{13} - \dfrac{10}{13} =$

(14) $2\dfrac{4}{17} - 1\dfrac{6}{17} =$

(15) $1\dfrac{6}{19} - \dfrac{11}{19} =$

**MF04** 분수의 뺄셈 (2)

● 대분수를 가분수로 고쳐서 분수의 뺄셈을 하시오.

(1) $3\dfrac{1}{5} - 1\dfrac{3}{5} =$

(2) $2\dfrac{2}{7} - \dfrac{4}{7} =$

(3) $4\dfrac{2}{8} - 2\dfrac{5}{8} =$

(4) $5\dfrac{1}{6} - 3\dfrac{2}{6} =$

(5) $3\dfrac{4}{9} - 2\dfrac{6}{9} =$

(6) $2\dfrac{2}{10} - \dfrac{3}{10} =$

(7) $3\dfrac{5}{11} - 1\dfrac{10}{11} =$

(8) $3\dfrac{2}{14} - 2\dfrac{11}{14} =$

(9) $2\dfrac{4}{15} - 1\dfrac{8}{15} =$

(10) $4\dfrac{1}{11} - 2\dfrac{10}{11} =$

(11) $5\dfrac{1}{9} - 3\dfrac{5}{9} =$

(12) $1\dfrac{5}{18} - \dfrac{12}{18} =$

(13) $3\dfrac{6}{13} - 1\dfrac{7}{13} =$

(14) $4\dfrac{2}{12} - 2\dfrac{7}{12} =$

(15) $2\dfrac{3}{19} - \dfrac{14}{19} =$

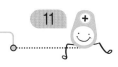

● 대분수를 가분수로 고쳐서 분수의 뺄셈을 하시오.

(1) $7\dfrac{1}{3} - 4\dfrac{2}{3} =$

(2) $3\dfrac{2}{8} - 1\dfrac{3}{8} =$

(3) $5\dfrac{2}{7} - 3\dfrac{5}{7} =$

(4) $2\dfrac{4}{10} - \dfrac{7}{10} =$

(5) $4\dfrac{4}{9} - 1\dfrac{5}{9} =$

(6) $3\dfrac{1}{10} - 2\dfrac{4}{10} =$

(7) $1\dfrac{3}{11} - \dfrac{8}{11} =$

(8) $4\dfrac{3}{7} - 2\dfrac{6}{7} =$

(9) $3\dfrac{1}{9} - \dfrac{3}{9} =$

(10) $5\dfrac{1}{8} - 3\dfrac{6}{8} =$

(11) $4\dfrac{4}{10} - 3\dfrac{5}{10} =$

(12) $3\dfrac{1}{7} - 2\dfrac{2}{7} =$

(13) $2\dfrac{4}{11} - 1\dfrac{7}{11} =$

(14) $2\dfrac{3}{9} - \dfrac{8}{9} =$

(15) $2\dfrac{2}{12} - 1\dfrac{9}{12} =$

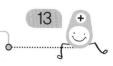

● 대분수를 가분수로 고쳐서 분수의 뺄셈을 하시오.

(1) $6\dfrac{2}{4} - 2\dfrac{3}{4} =$

(2) $5\dfrac{1}{7} - 4\dfrac{3}{7} =$

(3) $3\dfrac{2}{8} - 1\dfrac{7}{8} =$

(4) $2\dfrac{5}{11} - \dfrac{8}{11} =$

(5) $4\dfrac{1}{9} - 3\dfrac{6}{9} =$

(6) $4\dfrac{2}{7} - 1\dfrac{5}{7} =$

(7) $3\dfrac{2}{10} - \dfrac{9}{10} =$

(8) $6\dfrac{1}{8} - 4\dfrac{2}{8} =$

(9) $3\dfrac{2}{7} - 1\dfrac{3}{7} =$

(10) $4\dfrac{1}{9} - 2\dfrac{8}{9} =$

(11) $2\dfrac{3}{11} - \dfrac{9}{11} =$

(12) $5\dfrac{3}{10} - 1\dfrac{4}{10} =$

(13) $3\dfrac{1}{12} - 1\dfrac{2}{12} =$

(14) $2\dfrac{6}{13} - \dfrac{9}{13} =$

(15) $4\dfrac{2}{11} - 2\dfrac{8}{11} =$

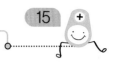

**MF04** 분수의 뺄셈 (2)

● 대분수를 가분수로 고쳐서 분수의 뺄셈을 하시오.

(1) $4\dfrac{2}{5} - 1\dfrac{4}{5} =$

(2) $5\dfrac{1}{7} - 2\dfrac{6}{7} =$

(3) $4\dfrac{3}{8} - 1\dfrac{6}{8} =$

(4) $3\dfrac{1}{11} - \dfrac{7}{11} =$

(5) $2\dfrac{7}{10} - 1\dfrac{8}{10} =$

(6) $3\dfrac{2}{9} - 2\dfrac{3}{9} =$

(7) $2\dfrac{3}{12} - \dfrac{10}{12} =$

(8) $4\dfrac{1}{9} - 1\dfrac{5}{9} =$

(9) $3\dfrac{5}{8} - 2\dfrac{6}{8} =$

(10) $5\dfrac{4}{7} - 2\dfrac{5}{7} =$

(11) $4\dfrac{3}{10} - 3\dfrac{6}{10} =$

(12) $2\dfrac{6}{12} - 1\dfrac{7}{12} =$

(13) $2\dfrac{1}{11} - 1\dfrac{9}{11} =$

(14) $3\dfrac{7}{15} - \dfrac{11}{15} =$

(15) $1\dfrac{2}{13} - \dfrac{7}{13} =$

**MF04** 분수의 뺄셈 (2)

● 분수의 뺄셈을 하시오.

(1) $5\dfrac{3}{6} - 1\dfrac{4}{6} =$

(2) $2\dfrac{1}{5} - \dfrac{4}{5} =$

(3) $3\dfrac{2}{7} - 1\dfrac{3}{7} =$

(4) $6\dfrac{1}{13} - 5\dfrac{10}{13} =$

(5) $4\dfrac{5}{9} - 3\dfrac{7}{9} =$

(6) $2\dfrac{4}{16} - 1\dfrac{7}{16} =$

(7) $4\dfrac{2}{15} - 1\dfrac{13}{15} =$

(8) $4\dfrac{5}{16} - 1\dfrac{12}{16} =$

(9) $3\dfrac{11}{14} - 2\dfrac{12}{14} =$

(10) $2\dfrac{5}{9} - \dfrac{6}{9} =$

(11) $5\dfrac{3}{8} - 4\dfrac{6}{8} =$

(12) $5\dfrac{1}{11} - 3\dfrac{6}{11} =$

(13) $4\dfrac{5}{12} - 3\dfrac{10}{12} =$

(14) $4\dfrac{1}{20} - 2\dfrac{18}{20} =$

(15) $2\dfrac{2}{18} - 1\dfrac{13}{18} =$

**MF04** 분수의 뺄셈 (2)

● 분수의 뺄셈을 하시오.

(1) $4\dfrac{4}{6} - 2\dfrac{5}{6} =$

(2) $\dfrac{11}{13} - \dfrac{4}{13} =$

(3) $3\dfrac{1}{7} - 1\dfrac{6}{7} =$

(4) $6\dfrac{2}{8} - 2\dfrac{5}{8} =$

(5) $4\dfrac{1}{9} - 2\dfrac{6}{9} =$

(6) $5\dfrac{13}{14} - 1\dfrac{4}{14} =$

(7) $2 - \dfrac{7}{12} =$

(8) $\dfrac{16}{17} - \dfrac{7}{17} =$

(9) $2\dfrac{3}{15} - 1\dfrac{11}{15} =$

(10) $3\dfrac{10}{19} - \dfrac{7}{19} =$

(11) $3\dfrac{3}{18} - 2\dfrac{14}{18} =$

(12) $4\dfrac{8}{12} - 2\dfrac{9}{12} =$

(13) $4 - 1\dfrac{2}{7} =$

(14) $5\dfrac{7}{11} - 2\dfrac{9}{11} =$

(15) $6\dfrac{5}{9} - 2\dfrac{6}{9} =$

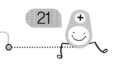

● 분수의 뺄셈을 하시오.

(1) $4\dfrac{1}{5} - 2\dfrac{3}{5} =$

(2) $3\dfrac{4}{8} - 1\dfrac{7}{8} =$

(3) $2\dfrac{2}{9} - \dfrac{4}{9} =$

(4) $4\dfrac{4}{11} - 3\dfrac{6}{11} =$

(5) $3\dfrac{6}{12} - 2\dfrac{11}{12} =$

(6) $\dfrac{16}{19} - \dfrac{3}{19} =$

(7) $5\dfrac{10}{13} - 1\dfrac{4}{13} =$

(8) $3\dfrac{5}{7} - 1\dfrac{6}{7} =$

(9) $5\dfrac{10}{11} - 3\dfrac{8}{11} =$

(10) $4\dfrac{1}{10} - 1\dfrac{4}{10} =$

(11) $\dfrac{17}{20} - \dfrac{8}{20} =$

(12) $6\dfrac{3}{8} - 5\dfrac{4}{8} =$

(13) $4\dfrac{3}{14} - \dfrac{6}{14} =$

(14) $5\dfrac{1}{11} - 2\dfrac{4}{11} =$

(15) $3 - 2\dfrac{7}{9} =$

**MF04** 분수의 뺄셈 (2)

● 분수의 뺄셈을 하시오.

(1) $4 - 2\dfrac{5}{8} =$

(2) $3\dfrac{1}{9} - 2\dfrac{8}{9} =$

(3) $\dfrac{11}{18} - \dfrac{6}{18} =$

(4) $6\dfrac{2}{5} - 3\dfrac{4}{5} =$

(5) $3\dfrac{16}{17} - \dfrac{10}{17} =$

(6) $5\dfrac{6}{11} - 4\dfrac{9}{11} =$

(7) $7\dfrac{2}{7} - 3\dfrac{5}{7} =$

(8) $3\dfrac{4}{11} - 1\dfrac{8}{11} =$

(9) $\dfrac{21}{23} - \dfrac{3}{23} =$

(10) $4\dfrac{3}{17} - \dfrac{13}{17} =$

(11) $3\dfrac{6}{14} - 2\dfrac{11}{14} =$

(12) $5 - 3\dfrac{5}{8} =$

(13) $5\dfrac{12}{13} - 2\dfrac{5}{13} =$

(14) $4\dfrac{1}{9} - 2\dfrac{2}{9} =$

(15) $6\dfrac{2}{10} - 2\dfrac{5}{10} =$

● 분수의 뺄셈을 하시오.

(1) $\dfrac{13}{17} - \dfrac{10}{17} =$

(2) $4\dfrac{6}{9} - 2\dfrac{8}{9} =$

(3) $5\dfrac{6}{15} - \dfrac{2}{15} =$

(4) $2 - 1\dfrac{9}{10} =$

(5) $2\dfrac{10}{13} - 1\dfrac{11}{13} =$

(6) $5\dfrac{4}{11} - 3\dfrac{9}{11} =$

(7) $4\dfrac{13}{14} - 1\dfrac{2}{14} =$

(8) $2\dfrac{7}{13} - \dfrac{11}{13} =$

(9) $3\dfrac{3}{12} - 2\dfrac{10}{12} =$

(10) $5\dfrac{1}{7} - 1\dfrac{3}{7} =$

(11) $\dfrac{15}{16} - \dfrac{6}{16} =$

(12) $4\dfrac{2}{9} - 1\dfrac{4}{9} =$

(13) $4 - 1\dfrac{2}{3} =$

(14) $5\dfrac{10}{11} - 3\dfrac{6}{11} =$

(15) $6\dfrac{2}{10} - 5\dfrac{9}{10} =$

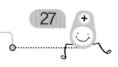
● 분수의 뺄셈을 하시오.

(1) $\dfrac{12}{18} - \dfrac{1}{18} =$

(2) $3 - 2\dfrac{1}{5} =$

(3) $2\dfrac{4}{8} - 1\dfrac{1}{8} =$

(4) $3\dfrac{7}{13} - 2\dfrac{10}{13} =$

(5) $2\dfrac{5}{15} - \dfrac{12}{15} =$

(6) $5\dfrac{4}{7} - 2\dfrac{5}{7} =$

(7) $3\dfrac{3}{11} - 1\dfrac{10}{11} =$

(8) $6\dfrac{1}{7} - 3\dfrac{5}{7} =$

(9) $4 - 2\dfrac{3}{10} =$

(10) $\dfrac{11}{15} - \dfrac{3}{15} =$

(11) $2\dfrac{1}{12} - \dfrac{2}{12} =$

(12) $4\dfrac{6}{9} - 2\dfrac{7}{9} =$

(13) $5\dfrac{13}{16} - 4\dfrac{2}{16} =$

(14) $3\dfrac{1}{15} - 1\dfrac{12}{15} =$

(15) $3\dfrac{1}{19} - 2\dfrac{14}{19} =$

MF04 분수의 뺄셈 (2)

● 분수의 뺄셈을 하시오.

(1) $\dfrac{14}{19} - \dfrac{9}{19} =$

(2) $4\dfrac{1}{18} - 2\dfrac{14}{18} =$

(3) $3\dfrac{5}{10} - 1\dfrac{8}{10} =$

(4) $4\dfrac{2}{17} - \dfrac{9}{17} =$

(5) $6 - 4\dfrac{1}{2} =$

(6) $2\dfrac{2}{9} - 1\dfrac{7}{9} =$

(7) $3\dfrac{3}{11} - 2\dfrac{7}{11} =$

(8) $5 - 4\dfrac{1}{3} =$

(9) $5\dfrac{3}{11} - 3\dfrac{8}{11} =$

(10) $4\dfrac{4}{15} - 2\dfrac{8}{15} =$

(11) $\dfrac{14}{17} - \dfrac{5}{17} =$

(12) $2\dfrac{3}{10} - 1\dfrac{4}{10} =$

(13) $5\dfrac{6}{14} - 3\dfrac{7}{14} =$

(14) $3\dfrac{17}{21} - \dfrac{13}{21} =$

(15) $6\dfrac{7}{12} - 2\dfrac{8}{12} =$

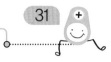

**MF04** 분수의 뺄셈 (2)

● 분수의 뺄셈을 하시오.

(1) $2\dfrac{4}{11} - \dfrac{10}{11} =$

(2) $4\dfrac{2}{7} - 1\dfrac{6}{7} =$

(3) $5\dfrac{6}{9} - 3\dfrac{8}{9} =$

(4) $\dfrac{19}{20} - \dfrac{12}{20} =$

(5) $3 - 1\dfrac{1}{6} =$

(6) $3\dfrac{15}{16} - 2\dfrac{8}{16} =$

(7) $4\dfrac{2}{18} - 2\dfrac{9}{18} =$

(8) $4\dfrac{2}{12} - 1\dfrac{9}{12} =$

(9) $3\dfrac{2}{13} - 1\dfrac{8}{13} =$

(10) $5\dfrac{3}{19} - \dfrac{11}{19} =$

(11) $\dfrac{13}{16} - \dfrac{8}{16} =$

(12) $5\dfrac{1}{11} - 3\dfrac{10}{11} =$

(13) $2 - \dfrac{2}{9} =$

(14) $4\dfrac{14}{20} - 2\dfrac{11}{20} =$

(15) $5\dfrac{2}{9} - 4\dfrac{6}{9} =$

● 분수의 뺄셈을 하시오.

(1) $3 - \dfrac{4}{5} =$

(2) $\dfrac{8}{15} - \dfrac{1}{15} =$

(3) $3\dfrac{2}{14} - 2\dfrac{7}{14} =$

(4) $3\dfrac{7}{17} - \dfrac{10}{17} =$

(5) $4\dfrac{3}{7} - 3\dfrac{5}{7} =$

(6) $6\dfrac{2}{10} - 1\dfrac{3}{10} =$

(7) $5\dfrac{15}{19} - 2\dfrac{9}{19} =$

(8) $\dfrac{12}{17} - \dfrac{4}{17} =$

(9) $5 - 4\dfrac{6}{7} =$

(10) $3\dfrac{13}{17} - 1\dfrac{15}{17} =$

(11) $5\dfrac{4}{11} - 1\dfrac{7}{11} =$

(12) $3\dfrac{1}{10} - 2\dfrac{8}{10} =$

(13) $4\dfrac{11}{13} - \dfrac{6}{13} =$

(14) $2\dfrac{4}{16} - 1\dfrac{7}{16} =$

(15) $4\dfrac{5}{15} - 2\dfrac{9}{15} =$

● 분수의 뺄셈을 하시오.

(1) $6\dfrac{1}{9} - 4\dfrac{5}{9} =$

(2) $3\dfrac{1}{10} - 1\dfrac{2}{10} =$

(3) $2 - 1\dfrac{4}{11} =$

(4) $5\dfrac{11}{13} - 4\dfrac{3}{13} =$

(5) $2\dfrac{1}{15} - 1\dfrac{9}{15} =$

(6) $\dfrac{13}{19} - \dfrac{6}{19} =$

(7) $4\dfrac{3}{17} - \dfrac{11}{17} =$

(8) $\dfrac{15}{18} - \dfrac{2}{18} =$

(9) $2\dfrac{6}{15} - 1\dfrac{13}{15} =$

(10) $3\dfrac{4}{17} - \dfrac{12}{17} =$

(11) $4 - 1\dfrac{8}{11} =$

(12) $3\dfrac{9}{11} - 1\dfrac{10}{11} =$

(13) $6\dfrac{3}{9} - 4\dfrac{8}{9} =$

(14) $5\dfrac{12}{20} - 2\dfrac{9}{20} =$

(15) $4\dfrac{3}{19} - 2\dfrac{11}{19} =$

● □ 안에 알맞은 분수를 쓰시오.

(1) $\dfrac{3}{4} - \boxed{\dfrac{1}{4}} = \dfrac{2}{4}$

(2) $\dfrac{4}{7} - \boxed{\phantom{0}} = \dfrac{2}{7}$

(3) $1 - \boxed{\phantom{0}} = \dfrac{4}{5}$

(4) $\dfrac{6}{9} - \boxed{\phantom{0}} = \dfrac{1}{9}$

(5) $\dfrac{5}{10} - \boxed{\phantom{0}} = \dfrac{2}{10}$

(6) $3\dfrac{2}{5} - \boxed{\phantom{0}} = 3\dfrac{1}{5}$

(7) $2 - \boxed{\phantom{0}} = 1\dfrac{7}{8}$

(8) $\dfrac{16}{19} - \boxed{\phantom{0}} = \dfrac{9}{19}$

(9) $2\dfrac{7}{11} - \boxed{\phantom{0}} = 1\dfrac{1}{11}$

(10) $\dfrac{15}{17} - \boxed{\phantom{0}} = \dfrac{7}{17}$

(11) $5 - \boxed{\phantom{0}} = 3\dfrac{1}{2}$

(12) $\dfrac{18}{20} - \boxed{\phantom{0}} = \dfrac{11}{20}$

(13) $1\dfrac{10}{14} - \boxed{\phantom{0}} = 1\dfrac{9}{14}$

(14) $3 - \boxed{\phantom{0}} = 1\dfrac{5}{7}$

(15) $2\dfrac{13}{16} - \boxed{\phantom{0}} = 1\dfrac{8}{16}$

**MF04** 분수의 뺄셈 (2)

● □ 안에 알맞은 분수를 쓰시오.

(1) $\dfrac{3}{11} - \boxed{\phantom{00}} = \dfrac{2}{11}$

(2) $1 - \boxed{\phantom{00}} = \dfrac{9}{10}$

(3) $4\dfrac{3}{5} - \boxed{\phantom{00}} = 4\dfrac{1}{5}$

(4) $\dfrac{11}{13} - \boxed{\phantom{00}} = \dfrac{7}{13}$

(5) $1\dfrac{6}{7} - \boxed{\phantom{00}} = 1\dfrac{3}{7}$

(6) $2 - \boxed{\phantom{00}} = 1\dfrac{4}{9}$

(7) $3\dfrac{4}{9} - \boxed{\phantom{00}} = 2\dfrac{3}{9}$

(8) $4 - \boxed{\phantom{0}} = 2\dfrac{1}{3}$

(9) $\dfrac{14}{19} - \boxed{\phantom{0}} = \dfrac{8}{19}$

(10) $4\dfrac{15}{20} - \boxed{\phantom{0}} = 4\dfrac{11}{20}$

(11) $1\dfrac{6}{11} - \boxed{\phantom{0}} = \dfrac{5}{11}$

(12) $3\dfrac{15}{16} - \boxed{\phantom{0}} = \dfrac{6}{16}$

(13) $2 - \boxed{\phantom{0}} = \dfrac{7}{12}$

(14) $2\dfrac{8}{10} - \boxed{\phantom{0}} = 1\dfrac{1}{10}$

(15) $5\dfrac{14}{18} - \boxed{\phantom{0}} = 2\dfrac{9}{18}$

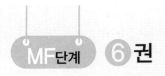

MF단계 6권

학교 연산 대비하자

# 연산 UP

● 분수의 계산을 하시오.

(1) $\dfrac{3}{8} + \dfrac{2}{8} =$

(2) $\dfrac{2}{11} + \dfrac{5}{11} =$

(3) $\dfrac{4}{7} + \dfrac{5}{7} =$

(4) $\dfrac{3}{13} + \dfrac{7}{13} =$

(5) $\dfrac{6}{9} + \dfrac{4}{9} =$

(6) $\dfrac{7}{10} + \dfrac{6}{10} =$

(7) $\dfrac{5}{12} + \dfrac{8}{12} =$

(8) $1 - \dfrac{5}{7} =$

(9) $\dfrac{9}{10} - \dfrac{2}{10} =$

(10) $2 - \dfrac{4}{9} =$

(11) $\dfrac{8}{12} - \dfrac{3}{12} =$

(12) $3 - \dfrac{6}{11} =$

(13) $\dfrac{10}{13} - \dfrac{4}{13} =$

(14) $4 - \dfrac{5}{14} =$

(15) $\dfrac{12}{17} - \dfrac{8}{17} =$

**연산 UP** 3

● 분수의 계산을 하시오.

(1) $2\frac{1}{6} + \frac{4}{6} =$

(2) $\frac{7}{8} + 4\frac{2}{8} =$

(3) $1\frac{6}{9} + \frac{4}{9} =$

(4) $\frac{5}{12} + 3\frac{2}{12} =$

(5) $2\frac{8}{11} + \frac{4}{11} =$

(6) $\frac{6}{13} + 2\frac{5}{13} =$

(7) $5\frac{8}{14} + \frac{7}{14} =$

(8) $2\dfrac{7}{9} - \dfrac{5}{9} =$

(9) $3\dfrac{1}{4} - \dfrac{2}{4} =$

(10) $3 - 1\dfrac{2}{5} =$

(11) $4\dfrac{3}{7} - \dfrac{4}{7} =$

(12) $1\dfrac{3}{8} - \dfrac{4}{8} =$

(13) $5 - 2\dfrac{5}{6} =$

(14) $3\dfrac{1}{10} - \dfrac{4}{10} =$

(15) $2\dfrac{5}{16} - \dfrac{14}{16} =$

● 분수의 계산을 하시오.

(1) $1\dfrac{2}{6} + 1\dfrac{5}{6} =$

(2) $2\dfrac{3}{5} + 1\dfrac{3}{5} =$

(3) $1\dfrac{6}{7} + 4\dfrac{3}{7} =$

(4) $2\dfrac{4}{9} + 2\dfrac{6}{9} =$

(5) $4\dfrac{7}{12} + 1\dfrac{10}{12} =$

(6) $1\dfrac{11}{13} + 2\dfrac{5}{13} =$

(7) $2\dfrac{8}{15} + 4\dfrac{9}{15} =$

(8) $4\dfrac{8}{13} - 3\dfrac{2}{13} =$

(9) $3\dfrac{2}{11} - 1\dfrac{9}{11} =$

(10) $5 - 2\dfrac{3}{8} =$

(11) $4\dfrac{3}{14} - 1\dfrac{8}{14} =$

(12) $5\dfrac{2}{15} - 3\dfrac{10}{15} =$

(13) $7 - 5\dfrac{7}{10} =$

(14) $6\dfrac{5}{17} - 4\dfrac{8}{17} =$

(15) $3\dfrac{8}{20} - 2\dfrac{11}{20} =$

연산 UP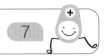

● 빈 곳에 알맞은 수를 써넣으시오.

(1)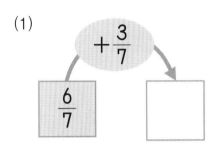

(2)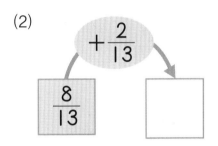

(3)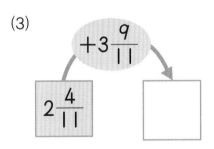

(4)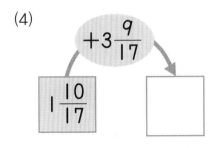

(5)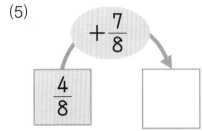

(6)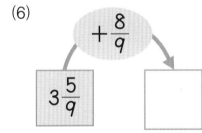

(7)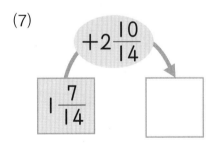

(8)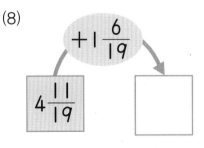

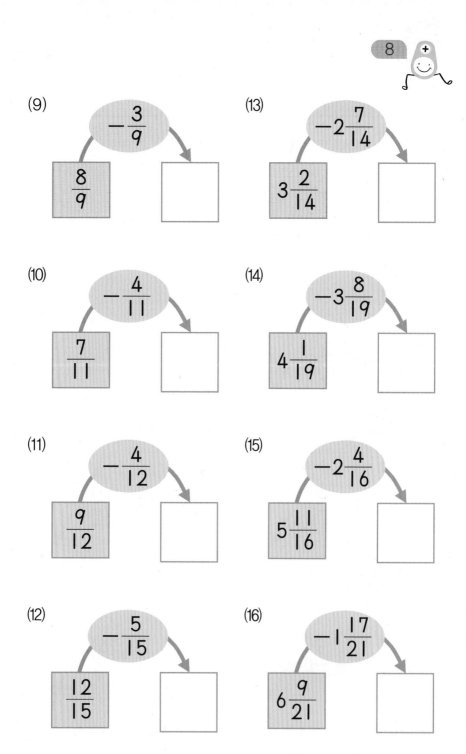

(9)

$-\dfrac{3}{9}$

$\dfrac{8}{9}$

(10)

$-\dfrac{4}{11}$

$\dfrac{7}{11}$

(11)

$-\dfrac{4}{12}$

$\dfrac{9}{12}$

(12)

$-\dfrac{5}{15}$

$\dfrac{12}{15}$

(13)

$-2\dfrac{7}{14}$

$3\dfrac{2}{14}$

(14)

$-3\dfrac{8}{19}$

$4\dfrac{1}{19}$

(15)

$-2\dfrac{4}{16}$

$5\dfrac{11}{16}$

(16)

$-1\dfrac{17}{21}$

$6\dfrac{9}{21}$

# 연산 UP

● 빈 곳에 알맞은 수를 써넣으시오.

(1)

$+\rightarrow$

$-\downarrow$

| $\dfrac{5}{9}$ | $\dfrac{3}{9}$ | |
|---|---|---|
| $\dfrac{4}{9}$ | $\dfrac{1}{9}$ | |
| | | |

(3)

$+\rightarrow$

$-\downarrow$

| $\dfrac{10}{13}$ | $\dfrac{9}{13}$ | |
|---|---|---|
| $\dfrac{7}{13}$ | $\dfrac{4}{13}$ | |
| | | |

(2)

$+\rightarrow$

$-\downarrow$

| $\dfrac{10}{11}$ | $\dfrac{7}{11}$ | |
|---|---|---|
| $\dfrac{6}{11}$ | $\dfrac{2}{11}$ | |
| | | |

(4)

$+\rightarrow$

$-\downarrow$

| $\dfrac{13}{15}$ | $\dfrac{10}{15}$ | |
|---|---|---|
| $\dfrac{5}{15}$ | $\dfrac{3}{15}$ | |
| | | |

(5)

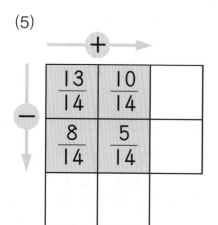

(7)

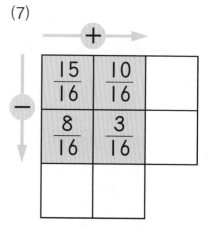

(6)

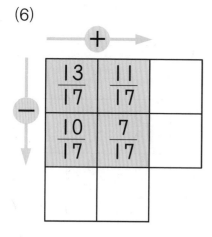

(8)

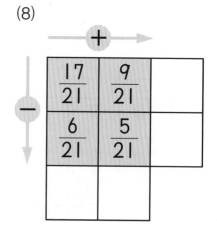

연산 UP

11

● 빈 곳에 알맞은 수를 써넣으시오.

(1)

| + → | | |
|---|---|---|
| $4\frac{5}{7}$ | $1\frac{6}{7}$ | |
| $2\frac{3}{7}$ | $\frac{4}{7}$ | |
| | | |

(3)

| + → | | |
|---|---|---|
| $5\frac{4}{9}$ | $2\frac{5}{9}$ | |
| $3\frac{6}{9}$ | $\frac{1}{9}$ | |
| | | |

(2)

| + → | | |
|---|---|---|
| $6\frac{3}{8}$ | $3\frac{4}{8}$ | |
| $2\frac{4}{8}$ | $\frac{7}{8}$ | |
| | | |

(4)

| + → | | |
|---|---|---|
| $3\frac{1}{10}$ | $2\frac{2}{10}$ | |
| $1\frac{4}{10}$ | $\frac{9}{10}$ | |
| | | |

(5)

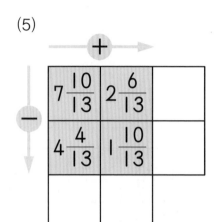

(7)

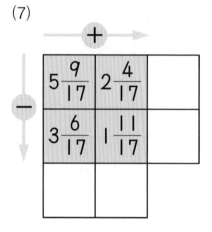

(6)

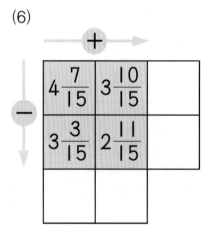

(8)

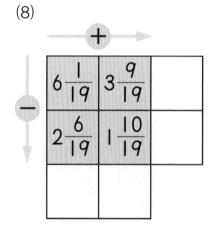

● 다음을 읽고 물음에 답하시오.

(1) 현수네 집에서 문구점까지의 거리는 $\dfrac{3}{8}$ km 이고, 문구

점에서 학교까지의 거리는 $\dfrac{4}{8}$ km 입니다. 현수네 집에

서 문구점을 거쳐 학교에 가려면 몇 km를 가야 합니

까?

(            )

(2) 유진이는 $\dfrac{7}{9}$ 시간 동안 수학 공부를 하고, $\dfrac{6}{9}$ 시간 동안

영어 공부를 했습니다. 유진이가 수학과 영어를 공부한

시간은 모두 몇 시간입니까?

(            )

(3) 직사각형의 가로는 $\dfrac{8}{13}$ m 이고, 세로는 가로보다 $\dfrac{7}{13}$ m

더 깁니다. 직사각형의 세로는 몇 m입니까?

(            )

(4) 소금물 $3\dfrac{7}{11}$ L가 들어 있는 그릇에 소금물 $\dfrac{5}{11}$ L를 더 부었습니다. 그릇에 들어 있는 소금물은 모두 몇 L입니까?

(            )

(5) 지성이의 책가방의 무게는 $4\dfrac{8}{12}$ kg이고, 한솔이의 책가방의 무게는 $3\dfrac{5}{12}$ kg입니다. 두 사람의 책가방의 무게는 모두 몇 kg입니까?

(            )

(6) 길이가 $2\dfrac{9}{15}$ m인 색 테이프와 $1\dfrac{2}{15}$ m인 색 테이프를 겹치지 않게 이었습니다. 이어 붙인 색 테이프의 전체 길이는 몇 m입니까?

(            )

● 다음을 읽고 물음에 답하시오.

(1) 피자를 지현이는 $\frac{5}{8}$ 조각을 먹고, 동민이는 $\frac{2}{8}$ 조각을 먹었습니다. 피자를 지현이는 동민이보다 몇 조각 더 많이 먹었습니까?

(             )

(2) 집에서 병원까지의 거리는 1 km입니다. 지금까지 $\frac{2}{7}$ km를 걸어갔습니다. 남은 거리는 몇 km입니까?

(             )

(3) 감자를 명수는 $\frac{10}{13}$ kg을, 준석이는 $\frac{6}{13}$ kg을 캤습니다. 감자를 명수는 준석이보다 몇 kg 더 많이 캤습니까?

(             )

(4) 간장이 **2** L 들어 있습니다. 그중에서 $1\dfrac{5}{6}$ L를 사용하였습니다. 남은 간장은 몇 L입니까?

(           )

(5) 민수는 $1\dfrac{3}{17}$ 시간 동안 책을 읽고, $\dfrac{9}{17}$ 시간 동안 숙제를 했습니다. 책을 읽은 시간은 숙제를 한 시간보다 몇 시간 더 많습니까?

(           )

(6) 양동이에 물이 $5\dfrac{6}{14}$ L 들어 있습니다. 이 양동이를 들다가 물 $2\dfrac{11}{14}$ L를 흘렸습니다. 양동이에 남은 물은 몇 L입니까?

(           )

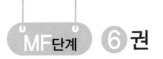
# 정 답

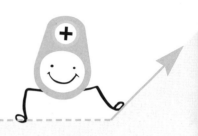

| 1 | 2 | 3 |
|---|---|---|

**1**

(1) $\frac{5}{4}$    (7) $4\frac{3}{5}$

(2) $4\frac{1}{2}$    (8) $\frac{17}{10}$

(3) $\frac{22}{9}$    (9) $2\frac{3}{8}$

(4) $3\frac{1}{10}$    (10) $\frac{17}{6}$

(5) $\frac{11}{3}$    (11) $2\frac{2}{9}$

(6) $4\frac{1}{12}$    (12) $\frac{15}{7}$

**2**

(13) $5\frac{2}{3}$    (19) $<$

(14) $\frac{31}{9}$    (20) $>$

(15) $1\frac{5}{6}$    (21) $<$

(16) $\frac{17}{12}$    (22) $<$

(17) $3\frac{2}{7}$    (23) $>$

(18) $\frac{22}{5}$    (24) $=$

**3**

(1) $\frac{1}{4}+\frac{2}{4}=\frac{1+2}{4}=\frac{3}{4}$

(2) $\frac{1}{3}+\frac{1}{3}=\frac{1+1}{3}=\frac{2}{3}$

(3) $\frac{3}{5}+\frac{1}{5}=\frac{3+1}{5}=\frac{4}{5}$

(4) $\frac{2}{6}+\frac{3}{6}=\frac{2+3}{6}=\frac{5}{6}$

(5) $\frac{2}{7}+\frac{2}{7}=\frac{2+2}{7}=\frac{4}{7}$

| 4 | 5 | 6 |
|---|---|---|

**4**

(6) $\frac{2}{5}+\frac{2}{5}=\frac{2+2}{5}=\frac{4}{5}$

(7) $\frac{1}{8}+\frac{2}{8}=\frac{1+2}{8}=\frac{3}{8}$

(8) $\frac{1}{7}+\frac{1}{7}=\frac{1+1}{7}=\frac{2}{7}$

(9) $\frac{1}{9}+\frac{3}{9}=\frac{1+3}{9}=\frac{4}{9}$

(10) $\frac{4}{8}+\frac{1}{8}=\frac{4+1}{8}=\frac{5}{8}$

(11) $\frac{1}{10}+\frac{2}{10}=\frac{1+2}{10}=\frac{3}{10}$

(12) $\frac{2}{11}+\frac{4}{11}=\frac{2+4}{11}=\frac{6}{11}$

(13) $\frac{3}{12}+\frac{2}{12}=\frac{3+2}{12}=\frac{5}{12}$

**5**

(1) $\frac{2}{4}+\frac{1}{4}=\frac{2+1}{4}=\frac{3}{4}$

(2) $\frac{2}{5}$

(3) $\frac{2}{9}$

(4) $\frac{5}{8}$

(5) $\frac{8}{9}$

(6) $\frac{3}{7}$

(7) $\frac{9}{10}$

**6**

(8) $\frac{5}{9}$

(9) $\frac{7}{12}$

(10) $\frac{3}{11}$

(11) $\frac{9}{13}$

(12) $\frac{4}{15}$

(13) $\frac{3}{14}$

(14) $\frac{7}{16}$

(15) $\frac{5}{17}$

| 7 | 8 | 9 | 10 | 11 | 12 |
|---|---|---|---|---|---|
| (1) $\dfrac{3}{5}$ | (8) $\dfrac{6}{7}$ | (1) $\dfrac{3}{7}$ | (8) $\dfrac{7}{8}$ | (1) $\dfrac{6}{7}$ | (8) $\dfrac{8}{9}$ |
| (2) $\dfrac{5}{6}$ | (9) $\dfrac{5}{8}$ | (2) $\dfrac{7}{9}$ | (9) $\dfrac{8}{9}$ | (2) $\dfrac{3}{8}$ | (9) $\dfrac{6}{11}$ |
| (3) $\dfrac{4}{7}$ | (10) $\dfrac{4}{9}$ | (3) $\dfrac{7}{8}$ | (10) $\dfrac{7}{10}$ | (3) $\dfrac{7}{9}$ | (10) $\dfrac{7}{12}$ |
| (4) $\dfrac{7}{9}$ | (11) $\dfrac{7}{10}$ | (4) $\dfrac{9}{10}$ | (11) $\dfrac{8}{11}$ | (4) $\dfrac{9}{10}$ | (11) $\dfrac{9}{14}$ |
| (5) $\dfrac{7}{8}$ | (12) $\dfrac{11}{12}$ | (5) $\dfrac{5}{12}$ | (12) $\dfrac{4}{13}$ | (5) $\dfrac{7}{12}$ | (12) $\dfrac{7}{13}$ |
| (6) $\dfrac{9}{10}$ | (13) $\dfrac{6}{13}$ | (6) $\dfrac{5}{11}$ | (13) $\dfrac{9}{14}$ | (6) $\dfrac{7}{11}$ | (13) $\dfrac{11}{15}$ |
| (7) $\dfrac{5}{12}$ | (14) $\dfrac{7}{11}$ | (7) $\dfrac{7}{15}$ | (14) $\dfrac{11}{12}$ | (7) $\dfrac{5}{13}$ | (14) $\dfrac{5}{16}$ |
|  | (15) $\dfrac{5}{14}$ |  | (15) $\dfrac{11}{15}$ |  | (15) $\dfrac{10}{17}$ |

| 13 | 14 | 15 | 16 | 17 | 18 |
|---|---|---|---|---|---|
| (1) $\dfrac{4}{5}$ | (8) $\dfrac{7}{9}$ | (1) $\dfrac{7}{8}$ | (8) $\dfrac{7}{9}$ | (1) $\dfrac{5}{7}$ | (8) $\dfrac{8}{9}$ |
| (2) $\dfrac{5}{7}$ | (9) $\dfrac{7}{10}$ | (2) $\dfrac{9}{10}$ | (9) $\dfrac{9}{11}$ | (2) $\dfrac{8}{9}$ | (9) $\dfrac{5}{11}$ |
| (3) $\dfrac{6}{11}$ | (10) $\dfrac{11}{12}$ | (3) $\dfrac{9}{11}$ | (10) $\dfrac{7}{12}$ | (3) $\dfrac{9}{10}$ | (10) $\dfrac{10}{13}$ |
| (4) $\dfrac{8}{9}$ | (11) $\dfrac{8}{11}$ | (4) $\dfrac{11}{16}$ | (11) $\dfrac{7}{10}$ | (4) $\dfrac{5}{14}$ | (11) $\dfrac{13}{14}$ |
| (5) $\dfrac{7}{8}$ | (12) $\dfrac{7}{16}$ | (5) $\dfrac{7}{12}$ | (12) $\dfrac{10}{13}$ | (5) $\dfrac{7}{11}$ | (12) $\dfrac{7}{10}$ |
| (6) $\dfrac{11}{12}$ | (13) $\dfrac{9}{14}$ | (6) $\dfrac{7}{13}$ | (13) $\dfrac{9}{16}$ | (6) $\dfrac{11}{15}$ | (13) $\dfrac{13}{15}$ |
| (7) $\dfrac{7}{13}$ | (14) $\dfrac{8}{13}$ | (7) $\dfrac{8}{11}$ | (14) $\dfrac{4}{15}$ | (7) $\dfrac{5}{12}$ | (14) $\dfrac{9}{17}$ |
|  | (15) $\dfrac{10}{17}$ |  | (15) $\dfrac{8}{17}$ |  | (15) $\dfrac{11}{16}$ |

| 19 | 20 |
|---|---|
| (1) $\frac{2}{4}+\frac{3}{4}=\frac{2+3}{4}=\frac{5}{4}=1\frac{1}{4}$ | (6) $\frac{3}{4}+\frac{2}{4}=\frac{3+2}{4}=\frac{5}{4}=1\frac{1}{4}$ |
| (2) $\frac{3}{5}+\frac{4}{5}=\frac{3+4}{5}=\frac{7}{5}=1\frac{2}{5}$ | (7) $\frac{3}{5}+\frac{3}{5}=\frac{3+3}{5}=\frac{6}{5}=1\frac{1}{5}$ |
| (3) $\frac{5}{7}+\frac{3}{7}=\frac{5+3}{7}=\frac{8}{7}=1\frac{1}{7}$ | (8) $\frac{7}{9}+\frac{4}{9}=\frac{7+4}{9}=\frac{11}{9}=1\frac{2}{9}$ |
| (4) $\frac{2}{6}+\frac{5}{6}=\frac{2+5}{6}=\frac{7}{6}=1\frac{1}{6}$ | (9) $\frac{6}{8}+\frac{7}{8}=\frac{6+7}{8}=\frac{13}{8}=1\frac{5}{8}$ |
| (5) $\frac{2}{3}+\frac{1}{3}=\frac{2+1}{3}=\frac{3}{3}=1$ | (10) $\frac{4}{7}+\frac{6}{7}=\frac{4+6}{7}=\frac{10}{7}=1\frac{3}{7}$ |
| | (11) $\frac{8}{10}+\frac{3}{10}=\frac{8+3}{10}=\frac{11}{10}=1\frac{1}{10}$ |
| | (12) $\frac{7}{13}+\frac{9}{13}=\frac{7+9}{13}=\frac{16}{13}=1\frac{3}{13}$ |
| | (13) $\frac{9}{14}+\frac{8}{14}=\frac{9+8}{14}=\frac{17}{14}=1\frac{3}{14}$ |

| 21 | 22 | 23 | 24 | 25 | 26 |
|---|---|---|---|---|---|
| (1) $\frac{4}{5}+\frac{4}{5}=\frac{4+4}{5}=\frac{8}{5}=1\frac{3}{5}$ | (8) $1\frac{1}{5}$ | (1) $1\frac{3}{8}$ | (8) $1\frac{5}{7}$ | (1) $1\frac{2}{7}$ | (8) $1\frac{3}{5}$ |
| (2) $1\frac{1}{6}$ | (9) $1\frac{1}{8}$ | (2) $1\frac{4}{9}$ | (9) $1$ | (2) $1\frac{5}{9}$ | (9) $1\frac{3}{8}$ |
| (3) $1\frac{1}{9}$ | (10) $1$ | (3) $1\frac{2}{13}$ | (10) $1\frac{4}{11}$ | (3) $1\frac{3}{10}$ | (10) $1\frac{1}{14}$ |
| (4) $1$ | (11) $1\frac{5}{9}$ | (4) $1\frac{2}{15}$ | (11) $1\frac{6}{13}$ | (4) $1\frac{1}{11}$ | (11) $1\frac{6}{11}$ |
| (5) $1\frac{1}{12}$ | (12) $1\frac{7}{10}$ | (5) $1\frac{1}{16}$ | (12) $1\frac{1}{10}$ | (5) $1\frac{7}{15}$ | (12) $1\frac{3}{17}$ |
| (6) $1\frac{1}{13}$ | (13) $1\frac{2}{11}$ | (6) $1\frac{2}{11}$ | (13) $1\frac{3}{16}$ | (6) $1\frac{9}{16}$ | (13) $1\frac{7}{13}$ |
| (7) $1\frac{2}{15}$ | (14) $1\frac{2}{13}$ | (7) $1\frac{5}{12}$ | (14) $1\frac{4}{15}$ | (7) $1\frac{3}{17}$ | (14) $1\frac{1}{12}$ |
| | (15) $1\frac{9}{16}$ | | (15) $1\frac{5}{14}$ | | (15) $1$ |

| 27 | 28 | 29 | 30 | 31 | 32 | 33 | 34 |
|---|---|---|---|---|---|---|---|
| (1) $1\frac{1}{6}$ | (8) $1\frac{3}{7}$ | (1) $1\frac{2}{7}$ | (8) $1\frac{1}{8}$ | (1) $1$ | (8) $1\frac{8}{11}$ | (1) $1\frac{4}{7}$ | (8) $1\frac{4}{9}$ |
| (2) $1\frac{1}{8}$ | (9) $1\frac{2}{9}$ | (2) $1$ | (9) $1\frac{1}{9}$ | (2) $1\frac{11}{15}$ | (9) $1\frac{5}{13}$ | (2) $1\frac{1}{10}$ | (9) $1\frac{2}{13}$ |
| (3) $1\frac{4}{11}$ | (10) $1\frac{3}{10}$ | (3) $1\frac{3}{10}$ | (10) $1\frac{8}{13}$ | (3) $1\frac{7}{11}$ | (10) $1\frac{1}{14}$ | (3) $1$ | (10) $1\frac{5}{18}$ |
| (4) $1\frac{5}{12}$ | (11) $1\frac{1}{18}$ | (4) $1\frac{3}{11}$ | (11) $1\frac{5}{12}$ | (4) $1\frac{3}{10}$ | (11) $1\frac{2}{15}$ | (4) $1\frac{4}{13}$ | (11) $1\frac{5}{14}$ |
| (5) $1$ | (12) $1\frac{7}{20}$ | (5) $1\frac{9}{14}$ | (12) $1\frac{7}{15}$ | (5) $1\frac{3}{16}$ | (12) $1\frac{3}{16}$ | (5) $1\frac{3}{17}$ | (12) $1\frac{6}{17}$ |
| (6) $1\frac{1}{15}$ | (13) $1\frac{5}{13}$ | (6) $1\frac{5}{16}$ | (13) $1\frac{3}{17}$ | (6) $1\frac{4}{17}$ | (13) $1\frac{6}{17}$ | (6) $1\frac{9}{20}$ | (13) $1$ |
| (7) $1\frac{2}{19}$ | (14) $1\frac{5}{17}$ | (7) $1\frac{1}{19}$ | (14) $1\frac{3}{20}$ | (7) $1\frac{3}{13}$ | (14) $1\frac{7}{12}$ | (7) $1\frac{3}{19}$ | (14) $1\frac{3}{20}$ |
|  | (15) $1\frac{2}{21}$ |  | (15) $1\frac{2}{19}$ |  | (15) $1\frac{3}{20}$ |  | (15) $1\frac{1}{21}$ |

| 35 | 36 |
|---|---|
| (1) $1\frac{1}{3}+2\frac{1}{3}=(1+2)+(\frac{1}{3}+\frac{1}{3})$ $=3+\frac{2}{3}=3\frac{2}{3}$ | (4) $\frac{4}{8}+2\frac{1}{8}=2+(\frac{4}{8}+\frac{1}{8})$ $=2+\frac{5}{8}=2\frac{5}{8}$ |
| (2) $3\frac{1}{6}+2\frac{4}{6}=(3+2)+(\frac{1}{6}+\frac{4}{6})$ $=5+\frac{5}{6}=5\frac{5}{6}$ | (5) $2\frac{3}{9}+3\frac{2}{9}=(2+3)+(\frac{3}{9}+\frac{2}{9})$ $=5+\frac{5}{9}=5\frac{5}{9}$ |
| (3) $4\frac{1}{7}+\frac{4}{7}=4+(\frac{1}{7}+\frac{4}{7})$ $=4+\frac{5}{7}=4\frac{5}{7}$ | (6) $1\frac{4}{10}+3\frac{3}{10}=(1+3)+(\frac{4}{10}+\frac{3}{10})$ $=4+\frac{7}{10}=4\frac{7}{10}$ |
|  | (7) $2\frac{1}{12}+1\frac{4}{12}=(2+1)+(\frac{1}{12}+\frac{4}{12})$ $=3+\frac{5}{12}=3\frac{5}{12}$ |

| 37 | 38 | 39 | 40 |
|---|---|---|---|
| (1) $5\frac{1}{4}+1\frac{2}{4}=(5+1)+(\frac{1}{4}+\frac{2}{4})$ $=6+\frac{3}{4}=6\frac{3}{4}$ | (7) $5\frac{6}{11}$ | (1) $3\frac{3}{4}$ | (8) $6\frac{5}{6}$ |
| (2) $3\frac{4}{5}$ | (8) $4\frac{4}{7}$ | (2) $5\frac{3}{7}$ | (9) $7\frac{7}{8}$ |
| (3) $2\frac{5}{6}$ | (9) $3\frac{5}{9}$ | (3) $3\frac{3}{5}$ | (10) $3\frac{5}{11}$ |
| (4) $3\frac{4}{7}$ | (10) $4\frac{2}{5}$ | (4) $2\frac{9}{10}$ | (11) $4\frac{9}{13}$ |
| (5) $4\frac{5}{8}$ | (11) $5\frac{3}{10}$ | (5) $4\frac{7}{11}$ | (12) $3\frac{7}{10}$ |
| (6) $3\frac{4}{9}$ | (12) $3\frac{7}{12}$ | (6) $7\frac{8}{9}$ | (13) $6\frac{5}{14}$ |
| | (13) $3\frac{6}{13}$ | (7) $3\frac{11}{12}$ | (14) $2\frac{11}{12}$ |
| | (14) $3\frac{5}{17}$ | | (15) $5\frac{7}{15}$ |

| 1 | 2 | 3 |
|---|---|---|
| (1) $\frac{6}{7}$ | (8) $1\frac{4}{9}$ | (1) $3\frac{2}{6}+1\frac{5}{6}=(3+1)+(\frac{2}{6}+\frac{5}{6})$ $=4+\frac{7}{6}=5\frac{1}{6}$ |
| (2) $1\frac{2}{5}$ | (9) $\frac{10}{13}$ | (2) $1\frac{4}{7}+2\frac{4}{7}=(1+2)+(\frac{4}{7}+\frac{4}{7})$ $=3+\frac{8}{7}=4\frac{1}{7}$ |
| (3) $1\frac{1}{9}$ | (10) $\frac{9}{14}$ | (3) $1\frac{3}{5}+1\frac{2}{5}=(1+1)+(\frac{3}{5}+\frac{2}{5})$ $=2+\frac{5}{5}=3$ |
| (4) $\frac{8}{13}$ | (11) $6\frac{5}{8}$ | |
| (5) $1\frac{3}{11}$ | (12) $2\frac{3}{10}$ | |
| (6) $\frac{13}{15}$ | (13) $1\frac{11}{15}$ | |
| (7) $1\frac{5}{12}$ | (14) $3\frac{10}{11}$ | |
| | (15) $2\frac{17}{18}$ | |

| 4 | 5 | 6 |
|---|---|---|

**(4)** $4\frac{2}{8}+\frac{7}{8}=4+(\frac{2}{8}+\frac{7}{8})$

$\qquad =4+\frac{9}{8}=5\frac{1}{8}$

**(5)** $1\frac{3}{9}+2\frac{7}{9}=(1+2)+(\frac{3}{9}+\frac{7}{9})$

$\qquad =3+\frac{10}{9}=4\frac{1}{9}$

**(6)** $1\frac{4}{10}+4\frac{7}{10}=(1+4)+(\frac{4}{10}+\frac{7}{10})$

$\qquad =5+\frac{11}{10}=6\frac{1}{10}$

**(7)** $2\frac{5}{9}+\frac{6}{9}=2+(\frac{5}{9}+\frac{6}{9})$

$\qquad =2+\frac{11}{9}=3\frac{2}{9}$

**(1)** $2\frac{3}{4}+1\frac{2}{4}$

$\qquad =(2+1)+(\frac{3}{4}+\frac{2}{4})$

$\qquad =3+\frac{5}{4}=4\frac{1}{4}$

**(2)** $7$

**(3)** $3\frac{2}{5}$

**(4)** $3\frac{5}{8}$

**(5)** $8\frac{2}{7}$

**(6)** $6\frac{1}{5}$

**(7)** $4\frac{1}{7}$

**(8)** $6$

**(9)** $3\frac{1}{13}$

**(10)** $5\frac{2}{15}$

**(11)** $7\frac{3}{11}$

**(12)** $4\frac{3}{10}$

**(13)** $7\frac{1}{12}$

**(14)** $4\frac{1}{16}$

| 7 | 8 | 9 | 10 |
|---|---|---|---|

**(1)** $4\frac{3}{5}$

**(2)** $4\frac{5}{8}$

**(3)** $3\frac{1}{7}$

**(4)** $5\frac{4}{9}$

**(5)** $6\frac{2}{11}$

**(6)** $7$

**(7)** $4\frac{1}{15}$

**(8)** $6\frac{1}{5}$

**(9)** $7$

**(10)** $8\frac{5}{12}$

**(11)** $4\frac{2}{17}$

**(12)** $3\frac{3}{16}$

**(13)** $6\frac{2}{13}$

**(14)** $6\frac{3}{14}$

**(15)** $2\frac{3}{17}$

**(1)** $4\frac{4}{15}$

**(2)** $7\frac{5}{11}$

**(3)** $4\frac{4}{19}$

**(4)** $7\frac{1}{16}$

**(5)** $5$

**(6)** $5\frac{1}{12}$

**(7)** $5\frac{1}{17}$

**(8)** $4\frac{1}{16}$

**(9)** $5\frac{8}{15}$

**(10)** $6\frac{1}{14}$

**(11)** $7$

**(12)** $5\frac{2}{21}$

**(13)** $4\frac{2}{19}$

**(14)** $5\frac{3}{20}$

**(15)** $8\frac{3}{17}$

| 11 | 12 |
|---|---|
| (1) $1\frac{2}{3}+\frac{2}{3}=\frac{5}{3}+\frac{2}{3}=\frac{7}{3}=2\frac{1}{3}$ | (6) $1\frac{3}{6}+4\frac{3}{6}=\frac{9}{6}+\frac{27}{6}=\frac{36}{6}=6$ |
| (2) $\frac{5}{8}+1\frac{2}{8}=\frac{5}{8}+\frac{10}{8}=\frac{15}{8}=1\frac{7}{8}$ | (7) $\frac{6}{7}+1\frac{2}{7}=\frac{6}{7}+\frac{9}{7}=\frac{15}{7}=2\frac{1}{7}$ |
| (3) $1\frac{3}{6}+1\frac{4}{6}=\frac{9}{6}+\frac{10}{6}=\frac{19}{6}=3\frac{1}{6}$ | (8) $1\frac{6}{8}+1\frac{3}{8}=\frac{14}{8}+\frac{11}{8}=\frac{25}{8}=3\frac{1}{8}$ |
| (4) $2\frac{3}{7}+1\frac{5}{7}=\frac{17}{7}+\frac{12}{7}=\frac{29}{7}=4\frac{1}{7}$ | (9) $2\frac{4}{9}+\frac{7}{9}=\frac{22}{9}+\frac{7}{9}=\frac{29}{9}=3\frac{2}{9}$ |
| (5) $1\frac{3}{5}+\frac{2}{5}=\frac{8}{5}+\frac{2}{5}=\frac{10}{5}=2$ | (10) $3\frac{3}{5}+2\frac{4}{5}=\frac{18}{5}+\frac{14}{5}=\frac{32}{5}=6\frac{2}{5}$ |
| | (11) $1\frac{7}{8}+2\frac{2}{8}=\frac{15}{8}+\frac{18}{8}=\frac{33}{8}=4\frac{1}{8}$ |
| | (12) $2\frac{9}{10}+1\frac{2}{10}=\frac{29}{10}+\frac{12}{10}=\frac{41}{10}=4\frac{1}{10}$ |
| | (13) $1\frac{6}{12}+\frac{11}{12}=\frac{18}{12}+\frac{11}{12}=\frac{29}{12}=2\frac{5}{12}$ |

| 13 | 14 | 15 | 16 |
|---|---|---|---|
| (1) $1\frac{2}{5}+4\frac{3}{5}=\frac{7}{5}+\frac{23}{5}=\frac{30}{5}=6$ | (8) 7 | (1) $2\frac{7}{10}$ | (8) 8 |
| (2) $3\frac{5}{8}$ | (9) $4\frac{3}{8}$ | (2) $6\frac{2}{9}$ | (9) $6\frac{4}{9}$ |
| (3) 4 | (10) $4\frac{3}{10}$ | (3) $4\frac{2}{11}$ | (10) $4\frac{3}{8}$ |
| (4) $5\frac{1}{3}$ | (11) 5 | (4) $8\frac{2}{7}$ | (11) 5 |
| (5) $4\frac{5}{9}$ | (12) $3\frac{2}{11}$ | (5) $2\frac{3}{13}$ | (12) $2\frac{1}{13}$ |
| (6) $2\frac{1}{11}$ | (13) $4\frac{1}{9}$ | (6) 6 | (13) $4\frac{1}{10}$ |
| (7) $4\frac{1}{10}$ | (14) $2\frac{4}{13}$ | (7) $2\frac{1}{14}$ | (14) $5\frac{1}{9}$ |
| | (15) $3\frac{1}{14}$ | | (15) $3\frac{5}{12}$ |

| 17 | 18 | 19 | 20 | 21 | 22 | 23 | 24 |
|---|---|---|---|---|---|---|---|
| (1) $4$ | (8) $4\frac{5}{9}$ | (1) $\frac{6}{7}$ | (8) $7\frac{1}{8}$ | (1) $3\frac{5}{9}$ | (8) $3\frac{1}{11}$ | (1) $\frac{5}{9}$ | (8) $6\frac{2}{7}$ |
| (2) $8\frac{1}{6}$ | (9) $4\frac{7}{12}$ | (2) $5\frac{2}{9}$ | (9) $2\frac{9}{10}$ | (2) $6\frac{1}{5}$ | (9) $5$ | (2) $5\frac{1}{8}$ | (9) $1\frac{3}{10}$ |
| (3) $5\frac{3}{7}$ | (10) $5\frac{5}{8}$ | (3) $5\frac{1}{12}$ | (10) $1\frac{1}{14}$ | (3) $4\frac{3}{11}$ | (10) $3\frac{1}{6}$ | (3) $2\frac{11}{14}$ | (10) $1\frac{13}{16}$ |
| (4) $4\frac{3}{8}$ | (11) $6\frac{3}{13}$ | (4) $2\frac{9}{16}$ | (11) $4\frac{1}{9}$ | (4) $1\frac{2}{17}$ | (11) $1\frac{5}{7}$ | (4) $5\frac{7}{9}$ | (11) $3\frac{5}{12}$ |
| (5) $6\frac{1}{9}$ | (12) $3\frac{5}{14}$ | (5) $4$ | (12) $2\frac{2}{11}$ | (5) $3\frac{11}{12}$ | (12) $3\frac{9}{16}$ | (5) $4\frac{1}{10}$ | (12) $3\frac{8}{11}$ |
| (6) $3\frac{7}{10}$ | (13) $5\frac{4}{15}$ | (6) $2\frac{5}{12}$ | (13) $5$ | (6) $6\frac{1}{8}$ | (13) $7\frac{1}{9}$ | (6) $1\frac{5}{16}$ | (13) $2\frac{1}{18}$ |
| (7) $7\frac{4}{11}$ | (14) $3\frac{1}{12}$ | (7) $1\frac{6}{13}$ | (14) $\frac{13}{15}$ | (7) $1$ | (14) $\frac{7}{13}$ | (7) $4$ | (14) $6\frac{1}{15}$ |
| | (15) $4\frac{1}{17}$ | | (15) $4\frac{1}{12}$ | | (15) $2\frac{1}{15}$ | | (15) $1\frac{4}{17}$ |

| 25 | 26 | 27 | 28 | 29 | 30 | 31 | 32 |
|---|---|---|---|---|---|---|---|
| (1) $\frac{4}{9}$ | (8) $6\frac{4}{9}$ | (1) $1\frac{1}{4}$ | (8) $1\frac{5}{14}$ | (1) $6\frac{4}{9}$ | (8) $7\frac{12}{17}$ | (1) $\frac{11}{14}$ | (8) $3\frac{1}{13}$ |
| (2) $3$ | (9) $7$ | (2) $\frac{9}{11}$ | (9) $1\frac{10}{13}$ | (2) $1\frac{7}{15}$ | (9) $4\frac{1}{19}$ | (2) $5\frac{4}{11}$ | (9) $5\frac{10}{21}$ |
| (3) $3\frac{1}{8}$ | (10) $1\frac{1}{12}$ | (3) $4\frac{3}{5}$ | (10) $6\frac{5}{9}$ | (3) $1\frac{1}{12}$ | (10) $3$ | (3) $2\frac{13}{16}$ | (10) $1\frac{5}{16}$ |
| (4) $6\frac{4}{7}$ | (11) $5\frac{11}{13}$ | (4) $4\frac{2}{7}$ | (11) $4\frac{8}{15}$ | (4) $4\frac{3}{11}$ | (11) $1\frac{3}{10}$ | (4) $6\frac{1}{10}$ | (11) $6$ |
| (5) $1\frac{11}{16}$ | (12) $5\frac{4}{15}$ | (5) $1\frac{11}{13}$ | (12) $7\frac{1}{8}$ | (5) $6\frac{3}{8}$ | (12) $5\frac{10}{13}$ | (5) $3$ | (12) $1\frac{2}{15}$ |
| (6) $6\frac{7}{10}$ | (13) $3\frac{1}{17}$ | (6) $1\frac{1}{20}$ | (13) $5$ | (6) $1\frac{5}{16}$ | (13) $5\frac{1}{10}$ | (6) $4\frac{3}{17}$ | (13) $5\frac{7}{12}$ |
| (7) $3\frac{1}{13}$ | (14) $1\frac{3}{14}$ | (7) $5\frac{2}{9}$ | (14) $5\frac{7}{12}$ | (7) $2\frac{11}{18}$ | (14) $1\frac{2}{13}$ | (7) $1\frac{1}{20}$ | (14) $3\frac{1}{19}$ |
| | (15) $5\frac{17}{18}$ | | (15) $1\frac{8}{17}$ | | (15) $2\frac{8}{15}$ | | (15) $4\frac{13}{20}$ |

| 33 | 34 | 35 | 36 | 37 | 38 | 39 | 40 |
|---|---|---|---|---|---|---|---|
| (1) $1\frac{2}{9}$ | (8) $3\frac{2}{19}$ | (1) $\frac{17}{20}$ | (8) $1$ | (1) $\frac{1}{5}$ | (8) $\frac{7}{11}$ | (1) $\frac{3}{7}$ | (8) $2\frac{3}{10}$ |
| (2) $6\frac{3}{13}$ | (9) $1\frac{4}{21}$ | (2) $3\frac{5}{17}$ | (9) $7\frac{1}{7}$ | (2) $\frac{2}{7}$ | (9) $\frac{3}{7}$ | (2) $\frac{3}{5}$ | (9) $\frac{4}{13}$ |
| (3) $5\frac{10}{11}$ | (10) $5\frac{13}{15}$ | (3) $5\frac{8}{13}$ | (10) $4\frac{7}{19}$ | (3) $\frac{1}{6}$ | (10) $\frac{3}{14}$ | (3) $1\frac{3}{8}$ | (10) $1\frac{1}{7}$ |
| (4) $5$ | (11) $5\frac{1}{12}$ | (4) $4\frac{2}{11}$ | (11) $4\frac{5}{18}$ | (4) $\frac{3}{8}$ | (11) $\frac{7}{12}$ | (4) $\frac{5}{16}$ | (11) $\frac{3}{11}$ |
| (5) $4\frac{11}{13}$ | (12) $1\frac{8}{17}$ | (5) $1\frac{1}{18}$ | (12) $4\frac{7}{13}$ | (5) $\frac{4}{9}$ | (12) $\frac{4}{15}$ | (5) $\frac{7}{10}$ | (12) $1\frac{1}{2}$ |
| (6) $3\frac{1}{14}$ | (13) $5\frac{17}{18}$ | (6) $6\frac{1}{12}$ | (13) $4\frac{8}{15}$ | (6) $\frac{7}{10}$ | (13) $\frac{5}{12}$ | (6) $2\frac{2}{9}$ | (13) $\frac{3}{14}$ |
| (7) $1\frac{1}{20}$ | (14) $7\frac{1}{16}$ | (7) $3\frac{15}{16}$ | (14) $3\frac{3}{14}$ | (7) $\frac{3}{10}$ | (14) $\frac{3}{17}$ | (7) $1\frac{1}{15}$ | (14) $1\frac{3}{4}$ |
| | (15) $4\frac{5}{14}$ | | (15) $1\frac{1}{21}$ | | (15) $\frac{4}{13}$ | | (15) $\frac{4}{17}$ |

| 1 | 2 | 3 | 4 |
|---|---|---|---|
| (1) $1\frac{1}{7}$ | (8) $3\frac{3}{10}$ | (1) $\frac{4}{5}-\frac{2}{5}=\frac{4-2}{5}=\frac{2}{5}$ | (6) $\frac{5}{7}-\frac{2}{7}=\frac{5-2}{7}=\frac{3}{7}$ |
| (2) $1\frac{5}{12}$ | (9) $4\frac{13}{15}$ | (2) $\frac{3}{7}-\frac{1}{7}=\frac{3-1}{7}=\frac{2}{7}$ | (7) $\frac{7}{9}-\frac{3}{9}=\frac{7-3}{9}=\frac{4}{9}$ |
| (3) $1\frac{2}{9}$ | (10) $6\frac{3}{17}$ | (3) $\frac{6}{8}-\frac{3}{8}=\frac{6-3}{8}=\frac{3}{8}$ | (8) $\frac{9}{11}-\frac{2}{11}=\frac{9-2}{11}=\frac{7}{11}$ |
| (4) $1\frac{3}{13}$ | (11) $7\frac{2}{11}$ | (4) $\frac{7}{10}-\frac{4}{10}=\frac{7-4}{10}=\frac{3}{10}$ | (9) $\frac{9}{10}-\frac{6}{10}=\frac{9-6}{10}=\frac{3}{10}$ |
| (5) $2\frac{7}{9}$ | (12) $4\frac{11}{14}$ | (5) $\frac{4}{6}-\frac{3}{6}=\frac{4-3}{6}=\frac{1}{6}$ | (10) $\frac{8}{16}-\frac{5}{16}=\frac{8-5}{16}=\frac{3}{16}$ |
| (6) $2\frac{1}{10}$ | (13) $3\frac{11}{12}$ | | (11) $\frac{11}{12}-\frac{4}{12}=\frac{11-4}{12}=\frac{7}{12}$ |
| (7) $5$ | (14) $6\frac{7}{18}$ | | (12) $\frac{10}{15}-\frac{3}{15}=\frac{10-3}{15}=\frac{7}{15}$ |
| | (15) $4\frac{3}{16}$ | | (13) $\frac{12}{13}-\frac{4}{13}=\frac{12-4}{13}=\frac{8}{13}$ |

| 5 | 6 | 7 | 8 | 9 | 10 |
|---|---|---|---|---|---|
| (1) $\frac{2}{3}-\frac{1}{3}=\frac{2-1}{3}$ $=\frac{1}{3}$ | (8) $\frac{1}{4}$ | (1) $\frac{1}{5}$ | (8) $\frac{2}{7}$ | (1) $\frac{1}{6}$ | (8) $\frac{1}{9}$ |
| (2) $\frac{1}{7}$ | (9) $\frac{3}{5}$ | (2) $\frac{5}{8}$ | (9) $\frac{2}{9}$ | (2) $\frac{1}{8}$ | (9) $\frac{3}{8}$ |
| (3) $\frac{3}{8}$ | (10) $\frac{1}{8}$ | (3) $\frac{3}{10}$ | (10) $\frac{6}{17}$ | (3) $\frac{2}{9}$ | (10) $\frac{6}{11}$ |
| (4) $\frac{5}{9}$ | (11) $\frac{4}{9}$ | (4) $\frac{3}{11}$ | (11) $\frac{3}{10}$ | (4) $\frac{4}{11}$ | (11) $\frac{1}{10}$ |
| (5) $\frac{3}{10}$ | (12) $\frac{6}{13}$ | (5) $\frac{2}{13}$ | (12) $\frac{1}{14}$ | (5) $\frac{3}{14}$ | (12) $\frac{4}{13}$ |
| (6) $\frac{5}{12}$ | (13) $\frac{2}{11}$ | (6) $\frac{1}{12}$ | (13) $\frac{7}{15}$ | (6) $\frac{7}{12}$ | (13) $\frac{5}{14}$ |
| (7) $\frac{5}{14}$ | (14) $\frac{5}{14}$ | (7) $\frac{5}{16}$ | (14) $\frac{3}{13}$ | (7) $\frac{4}{15}$ | (14) $\frac{9}{16}$ |
| | (15) $\frac{7}{15}$ | | (15) $\frac{4}{17}$ | | (15) $\frac{5}{17}$ |

| 11 | 12 |
|---|---|
| (1) $4\frac{2}{3}-2\frac{1}{3}=(4-2)+(\frac{2}{3}-\frac{1}{3})$ $=2+\frac{1}{3}=2\frac{1}{3}$ | (4) $3-1\frac{1}{6}=2\frac{6}{6}-1\frac{1}{6}$ $=(2-1)+(\frac{6}{6}-\frac{1}{6})$ $=1+\frac{5}{6}=1\frac{5}{6}$ |
| (2) $3\frac{4}{5}-\frac{1}{5}=3+(\frac{4}{5}-\frac{1}{5})$ $=3+\frac{3}{5}=3\frac{3}{5}$ | (5) $2\frac{7}{8}-1\frac{2}{8}=(2-1)+(\frac{7}{8}-\frac{2}{8})$ $=1+\frac{5}{8}=1\frac{5}{8}$ |
| (3) $6\frac{5}{7}-2\frac{2}{7}=(6-2)+(\frac{5}{7}-\frac{2}{7})$ $=4+\frac{3}{7}=4\frac{3}{7}$ | (6) $4\frac{8}{9}-3\frac{6}{9}=(4-3)+(\frac{8}{9}-\frac{6}{9})$ $=1+\frac{2}{9}=1\frac{2}{9}$ |
| | (7) $4\frac{7}{11}-2\frac{4}{11}=(4-2)+(\frac{7}{11}-\frac{4}{11})$ $=2+\frac{3}{11}=2\frac{3}{11}$ |

| | 13 | 14 | 15 | 16 | 17 | 18 |
|---|---|---|---|---|---|---|
| 1) $3\frac{4}{5}-1\frac{2}{5}=(3-1)+(\frac{4}{5}-\frac{2}{5})$ $=2+\frac{2}{5}=2\frac{2}{5}$ | (7) $3\frac{1}{6}$ | (1) $2\frac{2}{5}$ | (8) $2\frac{1}{7}$ | (1) $3\frac{1}{3}$ | (8) $4\frac{1}{8}$ |
| 2) $1\frac{1}{4}$ | (8) $4\frac{4}{9}$ | (2) $\frac{3}{8}$ | (9) $4\frac{2}{9}$ | (2) $3\frac{1}{5}$ | (9) $2\frac{5}{16}$ |
| 3) $2\frac{2}{5}$ | (9) $\frac{3}{13}$ | (3) $4\frac{2}{7}$ | (10) $1\frac{7}{10}$ | (3) $2\frac{1}{9}$ | (10) $1\frac{8}{11}$ |
| 4) $1\frac{3}{4}$ | (10) $2\frac{4}{11}$ | (4) $1\frac{1}{6}$ | (11) $2\frac{4}{11}$ | (4) $\frac{5}{7}$ | (11) $2\frac{4}{9}$ |
| 5) $2\frac{3}{8}$ | (11) $1\frac{1}{12}$ | (5) $1\frac{5}{9}$ | (12) $2\frac{5}{13}$ | (5) $1\frac{5}{8}$ | (12) $\frac{1}{12}$ |
| 6) $2\frac{1}{7}$ | (12) $2\frac{3}{10}$ | (6) $3\frac{7}{12}$ | (13) $\frac{2}{17}$ | (6) $1\frac{5}{11}$ | (13) $2\frac{1}{7}$ |
| | (13) $1\frac{8}{15}$ | (7) $3\frac{2}{11}$ | (14) $2\frac{7}{15}$ | (7) $1\frac{3}{10}$ | (14) $2\frac{8}{17}$ |
| | (14) $3\frac{5}{16}$ | | (15) $1\frac{5}{18}$ | | (15) $2\frac{3}{20}$ |

| 19 | 20 | 21 | 22 | 23 | 24 | 25 | 26 |
|---|---|---|---|---|---|---|---|
| 1) $2\frac{1}{4}$ | (8) $1\frac{2}{9}$ | (1) $2\frac{1}{5}$ | (8) $\frac{1}{10}$ | (1) $3\frac{4}{7}$ | (8) $2\frac{5}{11}$ | (1) $3\frac{3}{7}$ | (8) $1\frac{5}{16}$ |
| 2) $3\frac{5}{8}$ | (9) $2\frac{3}{10}$ | (2) $5\frac{1}{7}$ | (9) $2\frac{5}{12}$ | (2) $2\frac{1}{8}$ | (9) $3\frac{4}{9}$ | (2) $2\frac{5}{8}$ | (9) $1\frac{7}{10}$ |
| 3) $1\frac{1}{5}$ | (10) $1\frac{1}{8}$ | (3) $1\frac{2}{9}$ | (10) $4\frac{2}{11}$ | (3) $2\frac{2}{9}$ | (10) $3\frac{5}{13}$ | (3) $2\frac{1}{10}$ | (10) $1\frac{9}{13}$ |
| 4) $3\frac{4}{7}$ | (11) $2\frac{1}{6}$ | (4) $2\frac{1}{8}$ | (11) $3\frac{6}{13}$ | (4) $1\frac{5}{11}$ | (11) $\frac{5}{8}$ | (4) $1\frac{2}{15}$ | (11) $1\frac{1}{7}$ |
| 5) $1\frac{3}{8}$ | (12) $2\frac{2}{7}$ | (5) $2\frac{1}{10}$ | (12) $2\frac{7}{15}$ | (5) $1\frac{2}{3}$ | (12) $1\frac{3}{14}$ | (5) $2\frac{7}{11}$ | (12) $1\frac{9}{14}$ |
| 6) $2\frac{2}{9}$ | (13) $\frac{9}{14}$ | (6) $2\frac{5}{11}$ | (13) $3\frac{7}{18}$ | (6) $2\frac{9}{14}$ | (13) $2\frac{1}{2}$ | (6) $1\frac{7}{9}$ | (13) $1\frac{11}{15}$ |
| 7) $2\frac{6}{11}$ | (14) $2\frac{5}{13}$ | (7) $1\frac{3}{5}$ | (14) $\frac{5}{11}$ | (7) $5\frac{8}{13}$ | (14) $3\frac{7}{16}$ | (7) $2\frac{8}{13}$ | (14) $3\frac{2}{13}$ |
| | (15) $1\frac{4}{11}$ | | (15) $2\frac{9}{19}$ | | (15) $3\frac{5}{18}$ | | (15) $2\frac{3}{17}$ |

## 27

(1) $3\frac{1}{4} - 2\frac{2}{4} = 2\frac{5}{4} - 2\frac{2}{4}$

$\qquad = (2-2) + (\frac{5}{4} - \frac{2}{4}) = \frac{3}{4}$

(2) $2\frac{1}{7} - \frac{4}{7} = 1\frac{8}{7} - \frac{4}{7}$

$\qquad = 1 + (\frac{8}{7} - \frac{4}{7}) = 1\frac{4}{7}$

(3) $5\frac{2}{5} - 2\frac{3}{5} = 4\frac{7}{5} - 2\frac{3}{5}$

$\qquad = (4-2) + (\frac{7}{5} - \frac{3}{5}) = 2\frac{4}{5}$

## 28

(4) $4\frac{1}{8} - 3\frac{4}{8} = 3\frac{9}{8} - 3\frac{4}{8}$

$\qquad = (3-3) + (\frac{9}{8} - \frac{4}{8}) = \frac{5}{8}$

(5) $5\frac{1}{7} - 1\frac{2}{7} = 4\frac{8}{7} - 1\frac{2}{7}$

$\qquad = (4-1) + (\frac{8}{7} - \frac{2}{7}) = 3\frac{6}{7}$

(6) $6\frac{4}{9} - 3\frac{8}{9} = 5\frac{13}{9} - 3\frac{8}{9}$

$\qquad = (5-3) + (\frac{13}{9} - \frac{8}{9}) = 2\frac{5}{9}$

(7) $3\frac{3}{11} - \frac{7}{11} = 2\frac{14}{11} - \frac{7}{11}$

$\qquad = 2 + (\frac{14}{11} - \frac{7}{11}) = 2\frac{7}{11}$

## 29

(1) $3\frac{1}{5} - 1\frac{2}{5} = 2\frac{6}{5} - 1\frac{2}{5}$

$\qquad = (2-1) + (\frac{6}{5} - \frac{2}{5}) = 1\frac{4}{5}$

(2) $1\frac{7}{8}$

(3) $2\frac{7}{12}$

(4) $1\frac{9}{11}$

(5) $\frac{13}{16}$

(6) $1\frac{13}{15}$

| | 30 | 31 | 32 | 33 | 34 |
|---|---|---|---|---|---|
| (7) | $\frac{5}{6}$ | (1) $1\frac{4}{5}$ | (8) $3\frac{7}{8}$ | (1) $1\frac{2}{3}$ | (8) $1\frac{9}{17}$ |
| (8) | $2\frac{7}{9}$ | (2) $1\frac{4}{7}$ | (9) $2\frac{11}{16}$ | (2) $1\frac{3}{4}$ | (9) $1\frac{15}{19}$ |
| (9) | $1\frac{8}{13}$ | (3) $2\frac{7}{8}$ | (10) $\frac{6}{11}$ | (3) $1\frac{5}{6}$ | (10) $2\frac{1}{16}$ |
| (10) | $2\frac{9}{11}$ | (4) $1\frac{10}{11}$ | (11) $4\frac{11}{15}$ | (4) $1\frac{3}{8}$ | (11) $\frac{17}{20}$ |
| (11) | $2\frac{15}{19}$ | (5) $3\frac{4}{13}$ | (12) $3\frac{10}{17}$ | (5) $1\frac{5}{7}$ | (12) $1\frac{7}{8}$ |
| (12) | $2\frac{8}{15}$ | (6) $\frac{9}{14}$ | (13) $\frac{8}{13}$ | (6) $1\frac{7}{9}$ | (13) $2\frac{13}{18}$ |
| (13) | $1\frac{12}{17}$ | (7) $1\frac{13}{16}$ | (14) $2\frac{11}{20}$ | (7) $2\frac{3}{10}$ | (14) $\frac{13}{16}$ |
| (14) | $3\frac{13}{18}$ | | (15) $1\frac{13}{19}$ | | (15) $1\frac{4}{15}$ |

| 35 | 36 | 37 | 38 | 39 | 40 |
|---|---|---|---|---|---|
| (1) $1\frac{5}{7}$ | (8) $1\frac{10}{11}$ | (1) $2\frac{4}{7}$ | (8) $\frac{7}{11}$ | (1) $\frac{5}{6}$ | (8) $1\frac{9}{13}$ |
| (2) $\frac{7}{8}$ | (9) $2\frac{10}{13}$ | (2) $1\frac{8}{11}$ | (9) $1\frac{7}{15}$ | (2) $1\frac{8}{9}$ | (9) $1\frac{17}{20}$ |
| (3) $1\frac{4}{9}$ | (10) $\frac{13}{14}$ | (3) $\frac{3}{8}$ | (10) $1\frac{11}{16}$ | (3) $1\frac{9}{10}$ | (10) $1\frac{7}{11}$ |
| (4) $1\frac{7}{12}$ | (11) $\frac{11}{12}$ | (4) $4\frac{9}{10}$ | (11) $\frac{4}{17}$ | (4) $\frac{11}{18}$ | (11) $1\frac{9}{14}$ |
| (5) $2\frac{6}{7}$ | (12) $\frac{8}{15}$ | (5) $1\frac{8}{9}$ | (12) $2\frac{7}{19}$ | (5) $1\frac{12}{13}$ | (12) $2\frac{7}{12}$ |
| (6) $4\frac{7}{10}$ | (13) $2\frac{8}{9}$ | (6) $2\frac{9}{11}$ | (13) $2\frac{5}{12}$ | (6) $3\frac{4}{11}$ | (13) $\frac{12}{19}$ |
| (7) $3\frac{5}{11}$ | (14) $3\frac{5}{17}$ | (7) $\frac{11}{16}$ | (14) $1\frac{13}{18}$ | (7) $1\frac{4}{9}$ | (14) $3\frac{9}{10}$ |
| | (15) $2\frac{7}{12}$ | | (15) $2\frac{11}{12}$ | | (15) $\frac{13}{16}$ |

| 1 | 2 | 3 |
|---|---|---|
| (1) $\frac{2}{7}$ | (8) $1\frac{4}{11}$ | (1) $2\frac{1}{4} - \frac{2}{4} = \frac{9}{4} - \frac{2}{4} = \frac{7}{4} = 1\frac{3}{4}$ |
| (2) $\frac{6}{11}$ | (9) $1\frac{5}{9}$ | (2) $4\frac{1}{3} - 2\frac{2}{3} = \frac{13}{3} - \frac{8}{3} = \frac{5}{3} = 1\frac{2}{3}$ |
| (3) $\frac{5}{14}$ | (10) $1\frac{7}{10}$ | (3) $2\frac{1}{5} - 1\frac{2}{5} = \frac{11}{5} - \frac{7}{5} = \frac{4}{5}$ |
| (4) $2\frac{1}{3}$ | (11) $1\frac{11}{15}$ | (4) $3\frac{1}{7} - 1\frac{4}{7} = \frac{22}{7} - \frac{11}{7} = \frac{11}{7} = 1\frac{4}{7}$ |
| (5) $1\frac{2}{7}$ | (12) $4\frac{3}{13}$ | (5) $2\frac{2}{9} - \frac{7}{9} = \frac{20}{9} - \frac{7}{9} = \frac{13}{9} = 1\frac{4}{9}$ |
| (6) $2\frac{1}{8}$ | (13) $1\frac{7}{20}$ | |
| (7) $2\frac{7}{10}$ | (14) $1\frac{9}{16}$ | |
| | (15) $1\frac{12}{17}$ | |

| 4 | 5 | 6 |
|---|---|---|

(6) $3\frac{2}{7} - 1\frac{5}{7} = \frac{23}{7} - \frac{12}{7} = \frac{11}{7} = 1\frac{4}{7}$

(7) $2\frac{2}{6} - 1\frac{3}{6} = \frac{14}{6} - \frac{9}{6} = \frac{5}{6}$

(8) $3\frac{1}{8} - \frac{4}{8} = \frac{25}{8} - \frac{4}{8} = \frac{21}{8} = 2\frac{5}{8}$

(9) $4\frac{1}{9} - 2\frac{2}{9} = \frac{37}{9} - \frac{20}{9} = \frac{17}{9} = 1\frac{8}{9}$

(10) $3\frac{2}{5} - 2\frac{4}{5} = \frac{17}{5} - \frac{14}{5} = \frac{3}{5}$

(11) $2\frac{5}{11} - 1\frac{10}{11} = \frac{27}{11} - \frac{21}{11} = \frac{6}{11}$

(12) $3\frac{6}{10} - 1\frac{7}{10} = \frac{36}{10} - \frac{17}{10} = \frac{19}{10} = 1\frac{9}{10}$

(13) $2\frac{1}{12} - \frac{6}{12} = \frac{25}{12} - \frac{6}{12} = \frac{19}{12} = 1\frac{7}{12}$

(1) $2\frac{2}{4} - 1\frac{3}{4} = \frac{10}{4}$

$\quad -\frac{7}{4} = \frac{3}{4}$

(2) $\frac{4}{5}$

(3) $\frac{3}{7}$

(4) $1\frac{5}{8}$

(5) $2\frac{3}{7}$

(6) $1\frac{5}{9}$

(7) $1\frac{8}{11}$

(8) $\frac{5}{6}$

(9) $1\frac{8}{9}$

(10) $\frac{8}{15}$

(11) $1\frac{3}{10}$

(12) $\frac{11}{12}$

(13) $\frac{8}{13}$

(14) $1\frac{7}{11}$

(15) $\frac{13}{14}$

| 7 | 8 | 9 | 10 | 11 | 12 |
|---|---|---|----|----|----|

(1) $\frac{2}{5}$ | (8) $1\frac{4}{7}$ | (1) $1\frac{3}{5}$ | (8) $\frac{5}{14}$ | (1) $2\frac{2}{3}$ | (8) $1\frac{4}{7}$

(2) $1\frac{6}{7}$ | (9) $1\frac{5}{8}$ | (2) $1\frac{5}{7}$ | (9) $\frac{11}{15}$ | (2) $1\frac{7}{8}$ | (9) $2\frac{7}{9}$

(3) $1\frac{7}{8}$ | (10) $1\frac{9}{11}$ | (3) $1\frac{5}{8}$ | (10) $1\frac{2}{11}$ | (3) $1\frac{4}{7}$ | (10) $1\frac{3}{8}$

(4) $2\frac{5}{6}$ | (11) $1\frac{9}{10}$ | (4) $1\frac{5}{6}$ | (11) $1\frac{5}{9}$ | (4) $1\frac{7}{10}$ | (11) $\frac{9}{10}$

(5) $\frac{7}{9}$ | (12) $1\frac{7}{12}$ | (5) $\frac{7}{9}$ | (12) $\frac{11}{18}$ | (5) $2\frac{8}{9}$ | (12) $\frac{6}{7}$

(6) $2\frac{7}{10}$ | (13) $\frac{10}{13}$ | (6) $1\frac{9}{10}$ | (13) $1\frac{12}{13}$ | (6) $\frac{7}{10}$ | (13) $\frac{8}{11}$

(7) $\frac{6}{11}$ | (14) $\frac{15}{17}$ | (7) $1\frac{6}{11}$ | (14) $1\frac{7}{12}$ | (7) $\frac{6}{11}$ | (14) $1\frac{4}{9}$

| (15) $\frac{14}{19}$ | | (15) $1\frac{8}{19}$ | | (15) $\frac{5}{12}$

| 13 | 14 | 15 | 16 | 17 | 18 |
|---|---|---|---|---|---|
| (1) $3\frac{3}{4}$ | (8) $1\frac{7}{8}$ | (1) $2\frac{3}{5}$ | (8) $2\frac{5}{9}$ | (1) $3\frac{5}{6}$ | (8) $2\frac{9}{16}$ |
| (2) $\frac{5}{7}$ | (9) $1\frac{6}{7}$ | (2) $2\frac{2}{7}$ | (9) $\frac{7}{8}$ | (2) $1\frac{2}{5}$ | (9) $\frac{13}{14}$ |
| (3) $1\frac{3}{8}$ | (10) $1\frac{2}{9}$ | (3) $2\frac{5}{8}$ | (10) $2\frac{6}{7}$ | (3) $1\frac{6}{7}$ | (10) $1\frac{8}{9}$ |
| (4) $1\frac{8}{11}$ | (11) $1\frac{5}{11}$ | (4) $2\frac{5}{11}$ | (11) $\frac{7}{10}$ | (4) $\frac{4}{13}$ | (11) $\frac{5}{8}$ |
| (5) $\frac{4}{9}$ | (12) $3\frac{9}{10}$ | (5) $\frac{9}{10}$ | (12) $\frac{11}{12}$ | (5) $\frac{7}{9}$ | (12) $1\frac{6}{11}$ |
| (6) $2\frac{4}{7}$ | (13) $1\frac{11}{12}$ | (6) $\frac{8}{9}$ | (13) $\frac{3}{11}$ | (6) $\frac{13}{16}$ | (13) $\frac{7}{12}$ |
| (7) $2\frac{3}{10}$ | (14) $1\frac{10}{13}$ | (7) $1\frac{5}{12}$ | (14) $2\frac{11}{15}$ | (7) $2\frac{4}{15}$ | (14) $1\frac{3}{20}$ |
| | (15) $1\frac{5}{11}$ | | (15) $\frac{8}{13}$ | | (15) $\frac{7}{18}$ |

| 19 | 20 | 21 | 22 | 23 | 24 |
|---|---|---|---|---|---|
| (1) $1\frac{5}{6}$ | (8) $\frac{9}{17}$ | (1) $1\frac{3}{5}$ | (8) $1\frac{6}{7}$ | (1) $1\frac{3}{8}$ | (8) $1\frac{7}{11}$ |
| (2) $\frac{7}{13}$ | (9) $\frac{7}{15}$ | (2) $1\frac{5}{8}$ | (9) $2\frac{2}{11}$ | (2) $\frac{2}{9}$ | (9) $\frac{18}{23}$ |
| (3) $1\frac{2}{7}$ | (10) $3\frac{3}{19}$ | (3) $1\frac{7}{9}$ | (10) $2\frac{7}{10}$ | (3) $\frac{5}{18}$ | (10) $3\frac{7}{17}$ |
| (4) $3\frac{5}{8}$ | (11) $\frac{7}{18}$ | (4) $\frac{9}{11}$ | (11) $\frac{9}{20}$ | (4) $2\frac{3}{5}$ | (11) $\frac{9}{14}$ |
| (5) $1\frac{4}{9}$ | (12) $1\frac{11}{12}$ | (5) $\frac{7}{12}$ | (12) $\frac{7}{8}$ | (5) $3\frac{6}{17}$ | (12) $1\frac{3}{8}$ |
| (6) $4\frac{9}{14}$ | (13) $2\frac{5}{7}$ | (6) $\frac{13}{19}$ | (13) $3\frac{11}{14}$ | (6) $\frac{8}{11}$ | (13) $3\frac{7}{13}$ |
| (7) $1\frac{5}{12}$ | (14) $2\frac{9}{11}$ | (7) $4\frac{6}{13}$ | (14) $2\frac{8}{11}$ | (7) $3\frac{4}{7}$ | (14) $1\frac{8}{9}$ |
| | (15) $3\frac{8}{9}$ | | (15) $\frac{2}{9}$ | | (15) $3\frac{7}{10}$ |

| 25 | 26 | 27 | 28 | 29 | 30 |
|---|---|---|---|---|---|
| (1) $\frac{3}{17}$ | (8) $1\frac{9}{13}$ | (1) $\frac{11}{18}$ | (8) $2\frac{3}{7}$ | (1) $\frac{5}{19}$ | (8) $\frac{2}{3}$ |
| (2) $1\frac{7}{9}$ | (9) $\frac{5}{12}$ | (2) $\frac{4}{5}$ | (9) $1\frac{7}{10}$ | (2) $1\frac{5}{18}$ | (9) $1\frac{6}{11}$ |
| (3) $5\frac{4}{15}$ | (10) $3\frac{5}{7}$ | (3) $1\frac{3}{8}$ | (10) $\frac{8}{15}$ | (3) $1\frac{7}{10}$ | (10) $1\frac{11}{15}$ |
| (4) $\frac{1}{10}$ | (11) $\frac{9}{16}$ | (4) $\frac{10}{13}$ | (11) $1\frac{11}{12}$ | (4) $3\frac{10}{17}$ | (11) $\frac{9}{17}$ |
| (5) $\frac{12}{13}$ | (12) $2\frac{7}{9}$ | (5) $1\frac{8}{15}$ | (12) $1\frac{8}{9}$ | (5) $1\frac{1}{2}$ | (12) $\frac{9}{10}$ |
| (6) $1\frac{6}{11}$ | (13) $2\frac{1}{3}$ | (6) $2\frac{6}{7}$ | (13) $1\frac{11}{16}$ | (6) $\frac{4}{9}$ | (13) $1\frac{13}{14}$ |
| (7) $3\frac{11}{14}$ | (14) $2\frac{4}{11}$ | (7) $1\frac{4}{11}$ | (14) $1\frac{4}{15}$ | (7) $\frac{7}{11}$ | (14) $3\frac{4}{21}$ |
| | (15) $\frac{3}{10}$ | | (15) $\frac{6}{19}$ | | (15) $3\frac{11}{12}$ |

| 31 | 32 | 33 | 34 | 35 | 36 |
|---|---|---|---|---|---|
| (1) $1\frac{5}{11}$ | (8) $2\frac{5}{12}$ | (1) $2\frac{1}{5}$ | (8) $\frac{8}{17}$ | (1) $1\frac{5}{9}$ | (8) $\frac{13}{18}$ |
| (2) $2\frac{3}{7}$ | (9) $1\frac{7}{13}$ | (2) $\frac{7}{15}$ | (9) $\frac{1}{7}$ | (2) $1\frac{9}{10}$ | (9) $\frac{8}{15}$ |
| (3) $1\frac{7}{9}$ | (10) $4\frac{11}{19}$ | (3) $\frac{9}{14}$ | (10) $1\frac{15}{17}$ | (3) $\frac{7}{11}$ | (10) $2\frac{9}{17}$ |
| (4) $\frac{7}{20}$ | (11) $\frac{5}{16}$ | (4) $2\frac{14}{17}$ | (11) $3\frac{8}{11}$ | (4) $1\frac{8}{13}$ | (11) $2\frac{3}{11}$ |
| (5) $1\frac{5}{6}$ | (12) $1\frac{2}{11}$ | (5) $\frac{5}{7}$ | (12) $\frac{3}{10}$ | (5) $\frac{7}{15}$ | (12) $1\frac{10}{11}$ |
| (6) $1\frac{7}{16}$ | (13) $1\frac{7}{9}$ | (6) $4\frac{9}{10}$ | (13) $4\frac{5}{13}$ | (6) $\frac{7}{19}$ | (13) $1\frac{4}{9}$ |
| (7) $1\frac{11}{18}$ | (14) $2\frac{3}{20}$ | (7) $3\frac{6}{19}$ | (14) $\frac{13}{16}$ | (7) $3\frac{9}{17}$ | (14) $3\frac{3}{20}$ |
| | (15) $\frac{5}{9}$ | | (15) $1\frac{11}{15}$ | | (15) $1\frac{11}{19}$ |

| 37 | 38 | 39 | 40 |
|---|---|---|---|
| (1) $\frac{1}{4}$ | (8) $\frac{7}{19}$ | (1) $\frac{1}{11}$ | (8) $1\frac{2}{3}$ |
| (2) $\frac{2}{7}$ | (9) $1\frac{6}{11}$ | (2) $\frac{1}{10}$ | (9) $\frac{6}{19}$ |
| (3) $\frac{1}{5}$ | (10) $\frac{8}{17}$ | (3) $\frac{2}{5}$ | (10) $\frac{4}{20}$ |
| (4) $\frac{5}{9}$ | (11) $1\frac{1}{2}$ | (4) $\frac{4}{13}$ | (11) $1\frac{1}{11}$ |
| (5) $\frac{3}{10}$ | (12) $\frac{7}{20}$ | (5) $\frac{3}{7}$ | (12) $3\frac{9}{16}$ |
| (6) $\frac{1}{5}$ | (13) $\frac{1}{14}$ | (6) $\frac{5}{9}$ | (13) $1\frac{5}{12}$ |
| (7) $\frac{1}{8}$ | (14) $1\frac{2}{7}$ | (7) $1\frac{1}{9}$ | (14) $1\frac{7}{10}$ |
|  | (15) $1\frac{5}{16}$ |  | (15) $3\frac{5}{18}$ |

| 1 | 2 | 3 | 4 |
|---|---|---|---|
| (1) $\frac{5}{8}$ | (8) $\frac{2}{7}$ | (1) $2\frac{5}{6}$ | (8) $2\frac{2}{9}$ |
| (2) $\frac{7}{11}$ | (9) $\frac{7}{10}$ | (2) $5\frac{1}{8}$ | (9) $2\frac{3}{4}$ |
| (3) $1\frac{2}{7}$ | (10) $1\frac{5}{9}$ | (3) $2\frac{1}{9}$ | (10) $1\frac{3}{5}$ |
| (4) $\frac{10}{13}$ | (11) $\frac{5}{12}$ | (4) $3\frac{7}{12}$ | (11) $3\frac{6}{7}$ |
| (5) $1\frac{1}{9}$ | (12) $2\frac{5}{11}$ | (5) $3\frac{1}{11}$ | (12) $\frac{7}{8}$ |
| (6) $1\frac{3}{10}$ | (13) $\frac{6}{13}$ | (6) $2\frac{11}{13}$ | (13) $2\frac{1}{6}$ |
| (7) $1\frac{1}{12}$ | (14) $3\frac{9}{14}$ | (7) $6\frac{1}{14}$ | (14) $2\frac{7}{10}$ |
| | (15) $\frac{4}{17}$ | | (15) $1\frac{7}{16}$ |

| 5 | 6 | 7 | 8 |
|---|---|---|---|
| (1) $3\frac{1}{6}$ | (8) $1\frac{6}{13}$ | (1) $1\frac{2}{7}$ | (9) $\frac{5}{9}$ |
| (2) $4\frac{1}{5}$ | (9) $1\frac{4}{11}$ | (2) $\frac{10}{13}$ | (10) $\frac{3}{11}$ |
| (3) $6\frac{2}{7}$ | (10) $2\frac{5}{8}$ | (3) $6\frac{2}{11}$ | (11) $\frac{5}{12}$ |
| (4) $5\frac{1}{9}$ | (11) $2\frac{9}{14}$ | (4) $5\frac{2}{17}$ | (12) $\frac{7}{15}$ |
| (5) $6\frac{5}{12}$ | (12) $1\frac{7}{15}$ | (5) $1\frac{3}{8}$ | (13) $\frac{9}{14}$ |
| (6) $4\frac{3}{13}$ | (13) $1\frac{3}{10}$ | (6) $4\frac{4}{9}$ | (14) $\frac{12}{19}$ |
| (7) $7\frac{2}{15}$ | (14) $1\frac{14}{17}$ | (7) $4\frac{3}{14}$ | (15) $3\frac{7}{16}$ |
| | (15) $\frac{17}{20}$ | (8) $5\frac{17}{19}$ | (16) $4\frac{13}{21}$ |

| 9 | 10 | 11 | 12 |
|---|---|---|---|
| (위에서부터) | (위에서부터) | (위에서부터) | (위에서부터) |
| (1) $\frac{8}{9}$, $\frac{5}{9}$, $\frac{1}{9}$, $\frac{2}{9}$ | (5) $1\frac{9}{14}$, $\frac{13}{14}$, $\frac{5}{14}$, $\frac{5}{14}$ | (1) $6\frac{4}{7}$, $3$, $2\frac{2}{7}$, $1\frac{2}{7}$ | (5) $10\frac{3}{13}$, $6\frac{1}{13}$, $3\frac{6}{13}$, $\frac{9}{13}$ |
| (2) $1\frac{6}{11}$, $\frac{8}{11}$, $\frac{4}{11}$, $\frac{5}{11}$ | (6) $1\frac{7}{17}$, $1$, $\frac{3}{17}$, $\frac{4}{17}$ | (2) $9\frac{7}{8}$, $3\frac{3}{8}$, $3\frac{7}{8}$, $2\frac{5}{8}$ | (6) $8\frac{2}{15}$, $5\frac{14}{15}$, $1\frac{4}{15}$, $\frac{14}{15}$ |
| (3) $1\frac{6}{13}$, $\frac{11}{13}$, $\frac{3}{13}$, $\frac{5}{13}$ | (7) $1\frac{9}{16}$, $\frac{11}{16}$, $\frac{7}{16}$, $\frac{7}{16}$ | (3) $8$, $3\frac{7}{9}$, $1\frac{7}{9}$, $2\frac{4}{9}$ | (7) $7\frac{13}{17}$, $5$, $2\frac{3}{17}$, $\frac{10}{17}$ |
| (4) $1\frac{8}{15}$, $\frac{8}{15}$, $\frac{8}{15}$, $\frac{7}{15}$ | (8) $1\frac{5}{21}$, $\frac{11}{21}$, $\frac{11}{21}$, $\frac{4}{21}$ | (4) $5\frac{3}{10}$, $2\frac{3}{10}$, $1\frac{7}{10}$, $1\frac{3}{10}$ | (8) $9\frac{10}{19}$, $3\frac{16}{19}$, $3\frac{14}{19}$, $1\frac{18}{19}$ |

| 13 | 14 | 15 | 16 |
|---|---|---|---|
| (1) $\frac{7}{8}$ km | (4) $4\frac{1}{11}$ L | (1) $\frac{3}{8}$조각 | (4) $\frac{1}{6}$ L |
| (2) $1\frac{4}{9}$시간 | (5) $8\frac{1}{12}$ kg | (2) $\frac{5}{7}$ km | (5) $\frac{11}{17}$시간 |
| (3) $1\frac{2}{13}$ m | (6) $3\frac{11}{15}$ m | (3) $\frac{4}{13}$ kg | (6) $2\frac{9}{14}$ L |